ヒトはどうして死ぬのか

死の遺伝子の謎

田沼靖一

GS
幻冬

まえがき

私がなぜ「死」の謎を追うのか

私は山梨県の温泉郷、湯村山のふもとで幼少期を過ごしました。

将来は野球選手になりたいという夢があり、野球に明け暮れるスポーツ少年だったのですが、甲府の豊かな自然環境に囲まれていたこともあり、幼い頃から身近な生き物や植物にも興味を持っていました。

幼稚園に登園する途中の川で魚を捕まえるのに夢中になり、先生から「まだ来ていないのですが」と家に連絡が入ったこともありましたし、小学生のときには山で昆虫を捕まえるのに没頭したり、近くに自生する植物を調べたりしていた記憶があります。

「なぜ、チョウはあんなふうにきれいな形になるのだろう」——生き物の美しい造形に惹きつけられ、生物学への興味が高まっていったのは、私にとってごく自然なことでした。

高校生になる頃には野球選手になる夢はついえ、バレーボール部で汗を流しながら生物部とかけもちする生活が始まりました。いまでも覚えているのは、大学の先生が寄稿した科学雑誌を見て、文化祭のテーマとしてメダカの性転換に挑戦したことです。その記事には、メスのメダカを飼っている容器のなかに男性ホルモンのテストステロンを入れ、オス化する手順が書かれていました。薬局に行って「テストステロンをください」と言ったところ、店のご主人からいぶかしげに「君が打つんじゃないよね?」と尋ねられて閉口したのも、いまでは楽しい思い出です。

この頃から、化学物質が生物にどのような影響を与えるかということにも興味を持ち始めたように思います。

大学で薬学部に進んだのも、自然界の植物のなかにひそんでいる生薬になるようなさまざまな物質が、実際にどのような働きをしているかを研究してみたいという思いがあったからでした。もっとも、物理、化学、生物、数学と理系の科目はどれもおもしろく感じられ、なかでも当初は有機化学を究めようと考えていたのです。しかし「そのまえに少し生化学を勉強しておいたほうがいいかな」と思い、〝ちょっとだけ〟のつもりで進んだ道が、現在の私の研究人生へと続くことになりました。

幼い頃から、根本にあるのはいつも、自然現象の向こうにある真理を知りたいという思いです。もっとシンプルに言えば、「なぜだろう」という不思議に思う素朴な気持ちが、次なる研究へのモチベーションとなっているということかもしれません。

いまからおよそ20年前、私は「生物の細胞はなぜ死ぬのか」という〝素朴な疑問〟を持ちました。

当時、私が研究者として働いていた生化学・分子生物学の世界では、研究はもっぱら「生物の細胞がどのように増殖・分化するか」ということ、言い換えれば「細胞がどのようにして生きているか」を解明するために行われていました。そこには、「死」を科学的にとらえるという視点はありませんでした。

そもそも「死」はサイエンスで扱いうるテーマなのか……という逡巡《しゅんじゅん》もありましたが、一つひとつ過去の文献をあたっていくなかで出合ったのが、「細胞には遺伝子にプログラムされた死があるのではないか」という考察でした。そしてそこから、私が科学者として「死」の謎を追う日々が始まったのです。

「プログラムされた細胞の死」は「アポトーシス」と呼ばれ、過去20年の間に着々とメカニズムの解明が進み、さまざまな場面で応用が試みられるようになりました。しかし、生物の細胞に起こるアポトーシスについて、そのメカニズムに統一の原理があるのかどうかはいまのところわかっていません。「生物の細胞がなぜ死ぬのか」という根本的な問いへの答えは、まだ見つかっていないのです。

私はアポトーシスに普遍的な原理があるのではないかと考えていますし、科学者としてそれを理解したいという強い思いがあります。こと生物学の世界に限らず、統一原理を追うのは一つのロマンと言ってもいいかもしれません。

いま私は、いくつかの個別の病気においてアポトーシスがどのように関わっているかを研究する一方で、そのメカニズムを新しい医薬品開発につなげる研究も行っています。

もし、細胞の生死を決定する普遍的な原理が解明でき、それを個体の生命を奪うような病気の治療につなげることができれば——日々研究を進めながら、心の奥にはそんな思いを抱いています。

本書では、科学者たちがなぜ「死」というテーマと向き合い始めたのか、なぜそれを執拗に追うことになったのか、そして現在までにどのような「死」の謎が解き明かされてきたかを読者のみなさんと一緒に見ていきたいと思います。

また、「死」を追うなかで明らかになったガンやアルツハイマー病などの病気のメカニズムや、それらに立脚した適正な治療を行うための最適な医薬品として注目される「ゲノム創薬」がどこまで進んでいるかといったことも、併せてご紹介します。

そして、生命進化のなかで「死」がいつから現れてきたのか、「性」と「死」の関係などについて理解しながら、「死の科学」から見えてくる「死の意味」についても考えてみたいと思います。

「死の科学」では、これまでは生きていることを「生」の視点からしか見てこなかったところに、まったく逆の「死」から見る、という発想の転換を起こしました。そればかりではなく、「死」を観念的なものではなく、自らが行う現実のものとして考える視点をもたらしたのです。

これにより、「生きている」ことの現象がよりはっきりととらえられるようになり、「いかに生きるか」を考える確固たる足場が与えられたと言えます。「死の科学」は、21世紀が必要としている、遺伝子を基点とした新しい死生観を私たちに教えてくれるのではないかと思うのです。

この本を手にとってくださったみなさんが「死の科学」のおもしろさを感じ、その先にある未来に少しでも明るさを見出してくだされば、著者としてこれにまさる喜びはありません。

ヒトはどうして死ぬのか／目次

編集協力　千葉はるか

第1章 ある病理学者の発見

顕微鏡の向こうに見えた「細胞の自殺」

１９７２年、スコットランドに留学していた病理学者Ｊ・Ｆ・カーは、一本の論文を発表しました。

病変を起こした組織の切片を顕微鏡で観察している最中、カーはプレパラートの上に不思議な光景を見たのです。それは、死にゆく細胞の様子でした。

その細胞は、彼が知っている細胞の死に方――膨らみ、破裂して死を迎える細胞の壊《え》死《し》＝ネクローシス（necrosis）――とは、まったく異なる姿を示していました。正常な細胞と比べて少し小さく、一部は小片となった、見慣れない像。しかもその像は一つではなく、いくつも見て取ることができる。

カーはその細胞死の観察結果から、細胞が自ら一定のプロセスを経て死んでいく、壊死とは別の「死に方」があるのではないかと考えました。そして、その「死に方」をアポトーシス（apoptosis）と名づけ、論文にまとめたのです。

医学的な現象は、ギリシャ語で名前をつけることが慣例となっています。ギリシャ語で〝apo〟は「離れる」、〝ptosis〟は「落ちる」という意味。英語で言えば、〝falling off〟です。カーは、細胞の小片が散る様を、秋に木の葉が落ちる様子になぞらえたのでしょう。

ユニークなことに、カーは論文のなかでapoptosisの発音にまで「セカンドpはサイレントで、アクセントはtに」と細かく注文をつけています。普通に読むと「エイ（ア）ポプトーシス」となるところを、「アポトーシス」と呼ぶのはこのためです。

カーが論文を発表するまで、細胞の「死に方」には分類が存在していませんでした。細胞死は壊死という言葉で一括《ひとくく》りにされ、誰もそのことに疑問を挟まなかったのです。

「ネクローシス」と「アポトーシス」の違い

ネクローシスとアポトーシスには、実際、どのような違いがあるのでしょうか。現在わかっている「細胞の2つの死に方」について見てみましょう（図1参照）。

図1　アポトーシスとネクローシスの違い

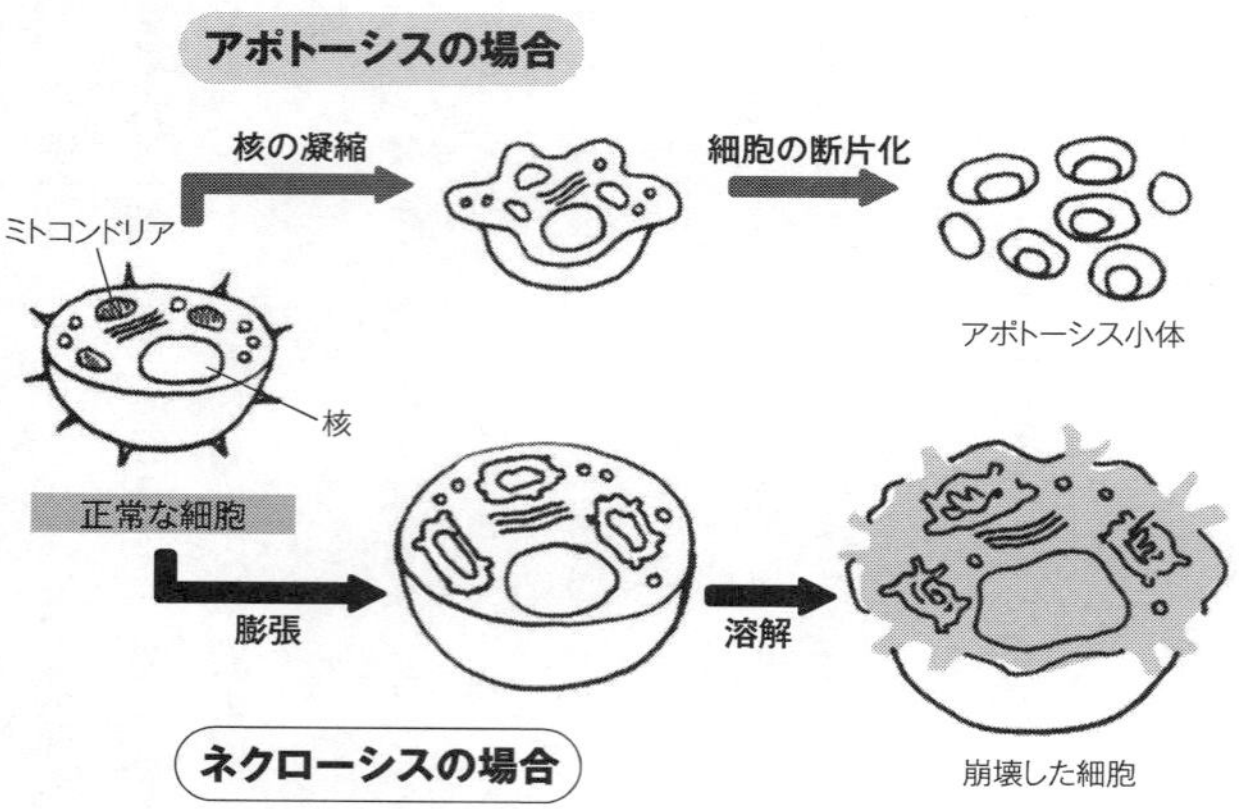

ネクローシスは、打撲や火傷といった外部からの刺激、心筋梗塞などで見られる強い虚血などがもとで起こる〝事故死〟です。

ネクローシスが起こると、まず細胞膜が崩れ、浸透圧がコントロールできなくなるために外部から水分が入り込んで、細胞自身が膨らみます。

その後、細胞の〝ゴミ処理場〟が壊れてなかに含まれる分解酵素が漏れ出し、酵素によって細胞が溶けると、中身が細胞外に流れ出すのです（図2参照）。

細胞膜が破れて中身が飛び出す様子は、言葉を選ばずに言えば「汚い」というイメ

図2　正常細胞とネクローシスを起こした細胞

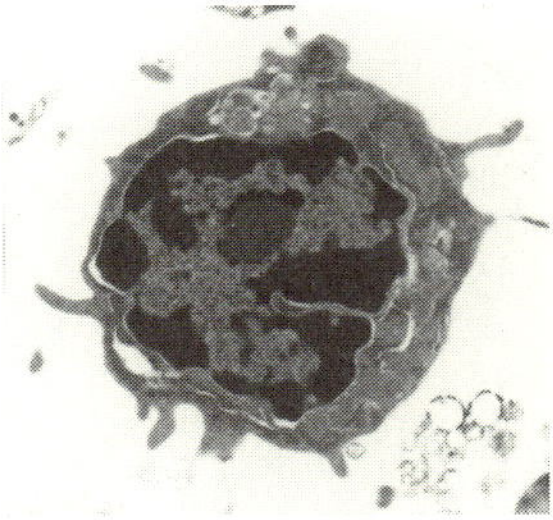
正常細胞

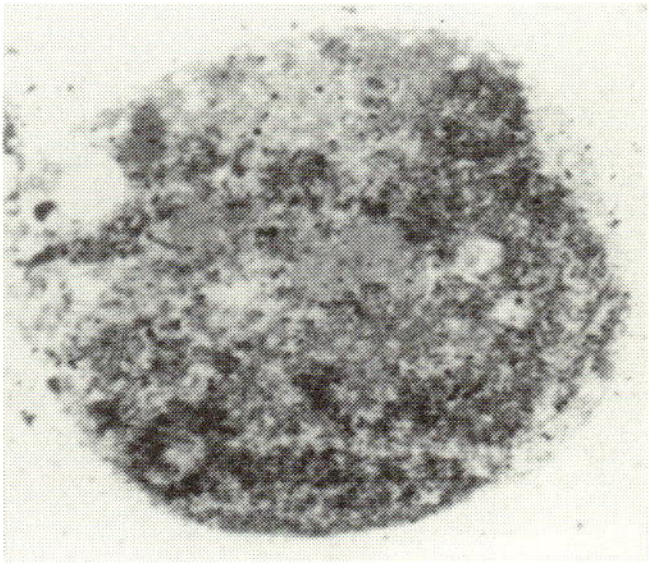
ネクローシスを起こした細胞

ネクローシスは、外部からの刺激などによる事故死。
そのため細胞の外部から水分が入り込んで、膨らんでいく。

ージを抱く方が多いのではないかと思います。また、細胞の中身が流出すると白血球が集まってくるため、ネクローシスでは炎症や痛みを伴うのが特徴の一つとなっています。

一方、アポトーシスとは、たとえて言えば細胞の〝自殺〟です。ただし、自殺といっても細胞が自ら勝手に死ぬというわけではありません。細胞は、内外から得たさまざまな情報――周囲からの「あなたはもう不要ですよ」というシグナルや、「自分は異常をきたして有害な細胞になっている」というシグナル――を、総合的に判断して

〝自死装置〟を発動するのです。

この装置が働き始めると、細胞はまず自ら収縮し始めます。そして核のなかのDNAを規則的に切断し、小さな袋に詰め替えると、葡萄《ぶどう》のような小さい粒に断片化していくのです。この粒は、「アポトーシス小体」と呼ばれています。

アポトーシス小体は、免疫細胞の一つである食細胞・マクロファージに貪食《どんしょく》されたり、周囲の細胞に取り込まれたりすることによって身体のなかからきれいに消去されます。ネクローシスとは異なり、細胞の中身はほとんど外部に漏れ出ず、浮腫や痛みといった炎症反応が起こることもありません。

アポトーシスを起こして死にゆく細胞の様子は、DNAを蛍光色素で染めて、蛍光顕微鏡を通して見ると仔細に観察することができます。

DNAが切断され、細胞が小さな断片となっていく過程を暗闇のなかで見ると、そこではまるで宇宙の超新星爆発のような光景が展開されています。その美しさは、思わず息をのむほどです（図3参照）。

また、細胞がアポトーシスしていく様子を特殊な顕微鏡で観察すると、活発に動きな

図3　正常細胞とアポトーシスを起こした細胞

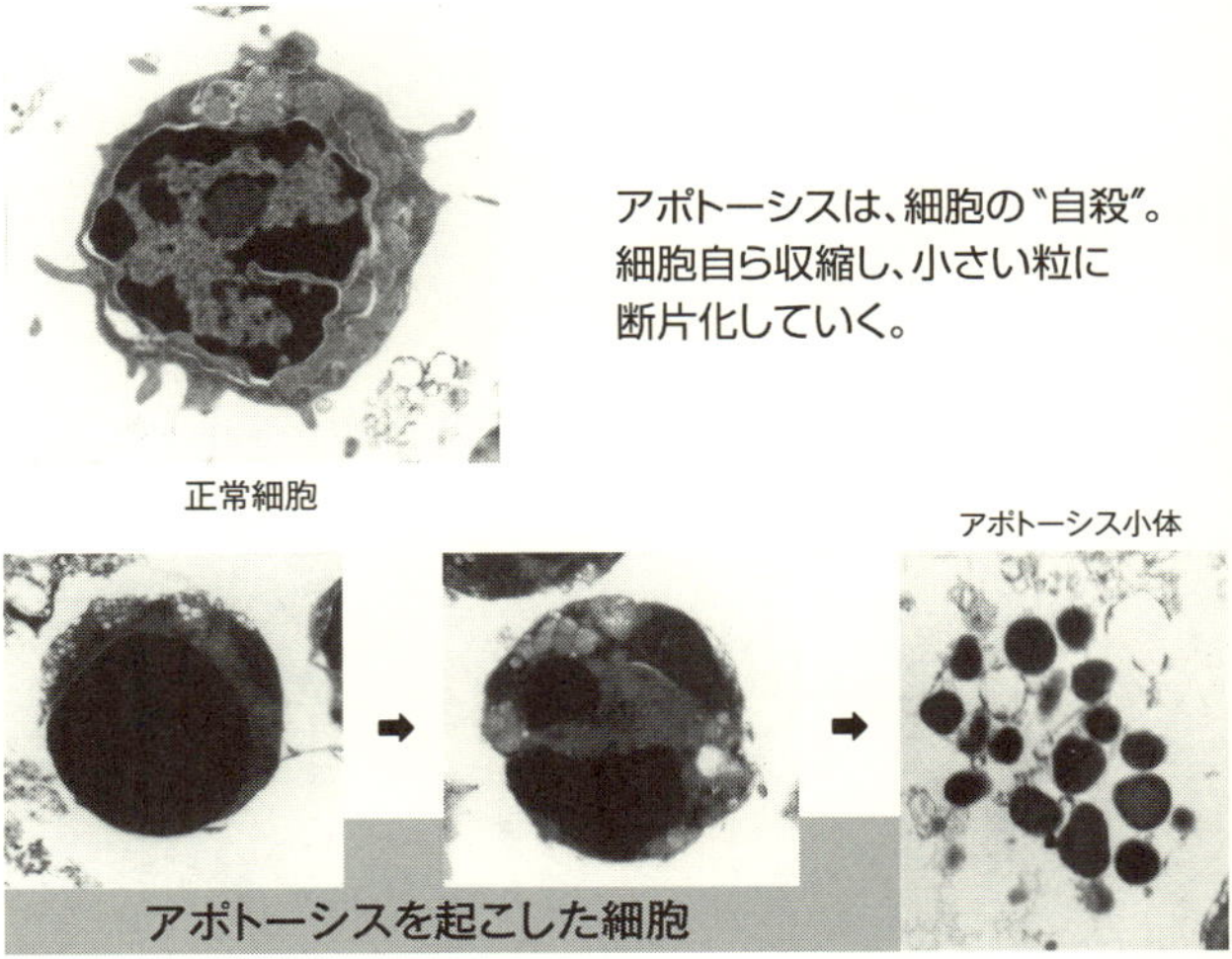

がら断片化していくことがわかります。

それをアメリカのある学者は、「まるで踊っているようだ」と言い、「ダンシング・デス」という名前をつけています。

「死を研究して、何の役に立つ？」

細胞が一定のプロセスを経て死んでいく様子から、カーはネクローシスとアポトーシスを別のものとしてとらえました。

しかし、観察によって「死に方の違い」を発見したのは彼が初めてではありません。日本にも、カーより10年も前に「ネクローシスとは違った細胞の死に方があるのではないか」と気づき、「枯渇死」や「縮小死」といった名前をつけて論文をまとめた病理学者がいたのです。

カーにより鋭かった点があるとすれば、観察結果からさらに一歩、考察を深めたことでしょう。カーは論文で、細胞が遺伝子に制御されて分裂したり分化したりするのと同様、細胞の死もまた遺伝子に制御されているのではないか——と、アポトーシスのメカニズムにまで言及しています。


しかし当時、彼の論文に目を留めた人は、ほとんどいなかったようです。

理由はいくつか考えられますが、一つには、カーの仮説があくまで観察の結果から得られたものにすぎず、科学的なメカニズムの解明には至っていなかったことが挙げられるでしょう。

また、論文が病理学を扱う雑誌に掲載されたため、生化学や分子生物学、発生学、免疫学といったほかの学問を生業とする科学者たちの目に触れにくかったことも一因かもしれません。

そして何より、当時の科学者たちの多くが「死を研究して、何の役に立つ？」と考えていたことが大きな理由だったのではないかと思います。

「もし宇宙人が地球に来て生物学の教科書を読んだとしたら、彼らは『地球上の生物は死ぬことがない』と信じるに違いない。私たちの教科書には、細胞がどのようにして成長し分裂していくのか、エネルギーをどう代謝するかについては詳しく述べられているが、細胞がどのようにして死に至るのかについては何も書かれていないのだから」——これは1985年、O・サタールが発表した論文のなかの一文。当時の生物学の世界の状況を、よく表しています。

カーが論文を発表したのはこれより10年以上も前のことですから、「細胞の死に方」に興味を示したり、研究しようとしたりする人が少なかったのも無理はないでしょう。アポトーシスの科学的なメカニズムの解明には、さらに長い年月を待たねばなりませんでした。

そもそも「遺伝子」とは何か

近年は「ゲノム」や「DNA」「遺伝子」という言葉が広く使われるようになっていますが、生物学を詳しく学んだことがない方にとっては、これらの言葉が具体的に何を意味するかがわかりにくいもののようです。「遺伝子にプログラムされた死」のメカニズムの解明の話を進めるまえに、ここで図4を見ながら、それぞれの言葉が意味するものを簡単に整理しておきましょう。

細胞の核のなかには、親から子に遺伝情報を伝える本体（物質）が収納されています。その物質が、DNA（デオキシリボ核酸＝Deoxyribonucleic acid）です。つまり、DNAはタンパク質や糖質、脂質と同じように化学物質名なのです。

DNAは2本の長いひも状の分子で、二重らせんの構造をとって存在しています。このひものなかに4つの塩基「A」（アデニン）、「G」（グアニン）、「C」（シトシン）、「T」（チミン）が並んでいます。この「A」「G」「C」「T」がいろいろな順番でたく

図4　遺伝子とは?

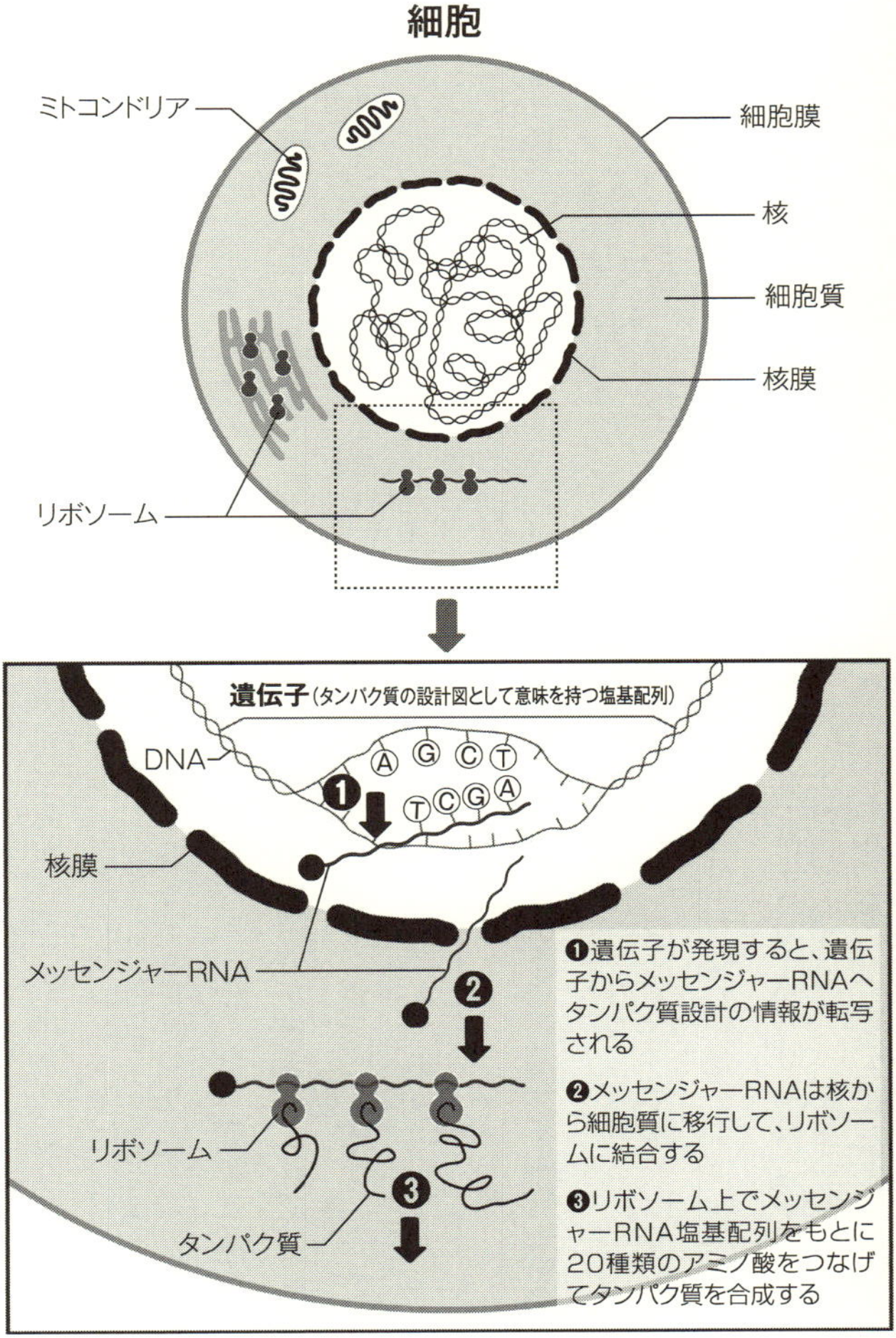
細胞
ミトコンドリア
細胞膜
核
細胞質
核膜
リボソーム
遺伝子(タンパク質の設計図として意味を持つ塩基配列)
DNA
A G C T
T C G A
❶
核膜
メッセンジャーRNA
❷
リボソーム
❸
タンパク質
❶遺伝子が発現すると、遺伝子からメッセンジャーRNAへタンパク質設計の情報が転写される
❷メッセンジャーRNAは核から細胞質に移行して、リボソームに結合する
❸リボソーム上でメッセンジャーRNA塩基配列をもとに20種類のアミノ酸をつなげてタンパク質を合成する

さん並んでいる、その〝文字列〟のうち、生命体をつくり上げるための情報となっている特定の部分が「遺伝子」なのです。ＤＮＡはその大半が意味のない塩基配列で、すべての配列が遺伝子として働くわけではありません。

遺伝子が持つ「生命体をつくり上げるための意味ある情報」というのは、簡単に言えば「タンパク質の設計図」です。パソコンのハードディスクに情報が書き込まれているように、遺伝子には「どのアミノ酸をどのようにつなげてタンパク質をつくるか」を決める設計図が、塩基配列として書き込まれている……とイメージするとわかりやすいでしょう。

遺伝子が実際にタンパク質をつくり始めるスイッチが入ることを、「遺伝子が発現する」と言います。遺伝子が発現すると、まず遺伝子からＲＮＡと呼ばれる物質に、タンパク質の設計図が「転写」されます。先のハードディスクのたとえを用いれば、ＲＮＡは〝ハードディスクからの情報のコピー先〟ですから、メモリーカードのようなものだと言えます。情報をコピーされるＲＮＡは、メッセンジャーＲＮＡと呼ばれています（図４参照）。

タンパク質の設計図を転写されたメッセンジャーRNAは、細胞の核の外側（細胞質）にある〝タンパク質の製造工場（リボソーム）〟にその情報を持ち込みます。〝製造工場〟では細胞質にある20種類のアミノ酸を使って、設計図をもとにそれらのアミノ酸をつなげてタンパク質を合成するのです。

2004年、「ヒトゲノムの解析がすべて終了した」というニュースが注目を集めたことは記憶に新しいのではないかと思います。「ゲノム」とは、一つの生物個体をつくり上げるために必要な全遺伝子の総体のことで、人間の場合は「ヒトゲノム」、犬の場合は「イヌゲノム」というように呼びます。

世界初のヒトゲノム解析では、解析対象となったある個人（解析を行った会社の社長）のDNAについて、どのような〝文字列〟（「A」「G」「C」「T」の並び方）を持っているか、そのなかで「タンパク質の設計図となる、意味のある塩基配列＝遺伝子」が、何番の「染色体」のどこにどのように存在しているかが明らかにされました。ちなみに「染色体」とは、細胞が分裂する時期にDNAが凝縮してできた、特殊な構造体のことを言います。ヒトの場合は、細胞分裂の中期に23対46本の染色体を顕微鏡で観察することができます。

ヒトゲノム解析によって、人間のDNAのうち「タンパク質の設計図となる部分＝遺伝子」の総数はおよそ2万3000個であることが判明しています。

もちろん、人間のDNAの塩基配列は一人ひとり異なります。また、同じ役割を担う遺伝子であっても遺伝子の〝文字列〟の一部が違っていれば、そこからつくり出されるタンパク質も構造に違いが現れますし、同じ遺伝子であっても、発現のしやすさは人によって差があります。たとえば、人は誰でもアルコール分解に必要なタンパク質をつくり出す遺伝子を持っていますが、その遺伝子が発現しやすければお酒に強く、発現しにくければお酒に弱いという違いが現れるのです。

2004年当時は、たった一人の人間のゲノム解析を行うのにも長い時間がかかりましたが、近年は解析装置の改良やコンピューターの性能向上もあって、解析のスピードは1000倍以上に高速化しています。個人のゲノム解析も比較的容易に行える環境が整い、遺伝子から「どんな病気にかかりやすいか」といったことを知ることもできるようになっています。

死を制御する遺伝子の発見

多細胞動物のゲノム解析の先駆けとなったのは、イギリスの生物学者シドニー・ブレナーによる研究でした。

ブレナーが実験材料として選んだのは、「C・エレガンス（C.elegans）」という線虫の一種。C・エレガンスは体長わずか1ミリほどの透明な生物で、その身体は959個の細胞でできています。

多細胞生物は、一つの受精卵が分裂して増殖し、ある細胞は口や腸へ、ある細胞は肛門へというように分化しながら個体を完成させていきます。そしてこの過程では、細胞は増殖・分化するだけでなく、一定数が死んで消去されるという現象があります。もし細胞が増える一方だとすれば、生物はただの細胞の塊にしかなりえません。しかし実際は、口から肛門まで〝穴〟があいていたり、切れ込みがあったりします。これらは、細胞が死ぬことによって形づくられているわけです。

C・エレガンスの場合は、1090個の細胞のうち、特定の131個の細胞が決まった時期に死滅します。ブレナーは10年以上かけて、こうしたC・エレガンスの細胞の系譜を追い、細胞が分化したり死滅したりする際に、どんな遺伝子が働いているのかを明らかにしたのです。C・エレガンスのゲノムの塩基配列解読完了が発表されたのは、1998年のことでした。

そしてその後、ブレナーの研究成果を基礎として、「細胞の死に方」に着目したのがアメリカの生物学者ロバート・ホロヴィッツ。彼の研究によって「遺伝子に制御された細胞死」のメカニズムは、やっと解明されるに至りました。細胞が「死の遺伝子」を持っていること、自ら死ぬときは、その遺伝子からつくられた「死」を実行するDNA分解酵素やタンパク質分解酵素などが活性化されることによって、生命の源であるDNAを規則的に切断したり、細胞骨格系のタンパク質を分解して死んでいくこと……。

ブレナー、ホロヴィッツらの研究は、生物学の世界で非常に大きなニュースとして受け止められました。彼らは、2002年、「器官発生とプログラム細胞死の遺伝制御に

図5　「死の遺伝子」の存在

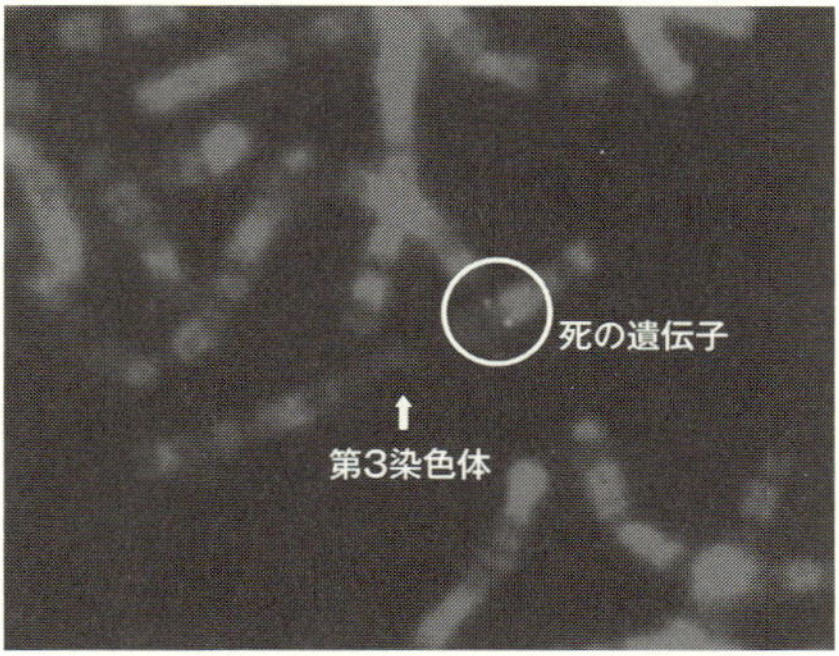

DNAを切断する酵素の設計図である「死の遺伝子」が、第3染色体に存在する様子を示す。

関する発見」に対してイギリスの生物学者ジョン・サルストンとともにノーベル生理学・医学賞を受賞しています。

ノーベル賞の受賞理由に見て取れるように、当初、遺伝子に制御された細胞の死は「プログラム細胞死（Programmed cell death）」と呼ばれていました。というのも、C・エレガンスの発生の過程で細胞が死んでいく仕組みと、カーが人体の病理切片で観察した「細胞の死に方」は、まだ同じものとして扱ってよいかどうかわからなかったからです。

しかし、C・エレガンスの遺伝子と人間

の遺伝子を対応させ、似た機能（相同性）を持った遺伝子を探す研究が進むうちに、カーの論文にあったアポトーシスがプログラム細胞死と同様の「死の遺伝子」による現象を指すことがわかってきました（図5参照）。

こうしてアポトーシスのメカニズムが解明されると、科学者たちはこぞって遺伝子に組み込まれた「死」の謎を追いかけ始めました。

それは、アポトーシスが生物の成り立ちの根幹に関わるというだけでなく、ときに生死を左右するような、多くの病気のメカニズム解明に新たな道筋を示すものだったからです。

第2章

「死」から見る生物学

生物を形づくるアポトーシスの役割

アポトーシスは、生命の成り立ちを支える非常に重要な役割を持っています。まずはこれまでに科学者たちが解明してきた、身の周りの生物やあなた自身の身体のなかで起きているアポトーシスについて見てみましょう。

細胞が自ら死んでいくという現象そのものは、実はカーの発見を待つまでもなく100年以上も前から観察されていました。

みなさんもよくご存じのように、オタマジャクシは成長の過程でしっぽがなくなり、手足ができて、カエルへと姿を変えていきます。このようにしっぽが消えるのは、アポトーシスが起きて皮膚や筋肉、背骨といった組織を成す細胞が死んでいくためなのです。カエルとして残るのはオタマジャクシの頭の部分のみで、身体の半分以上はきれいになくなります（図6参照）。

ちなみに、オタマジャクシがカエルへと変態する際、「死の遺伝子」を制御している

図6　生物の発生過程における形態変化はアポトーシスによる

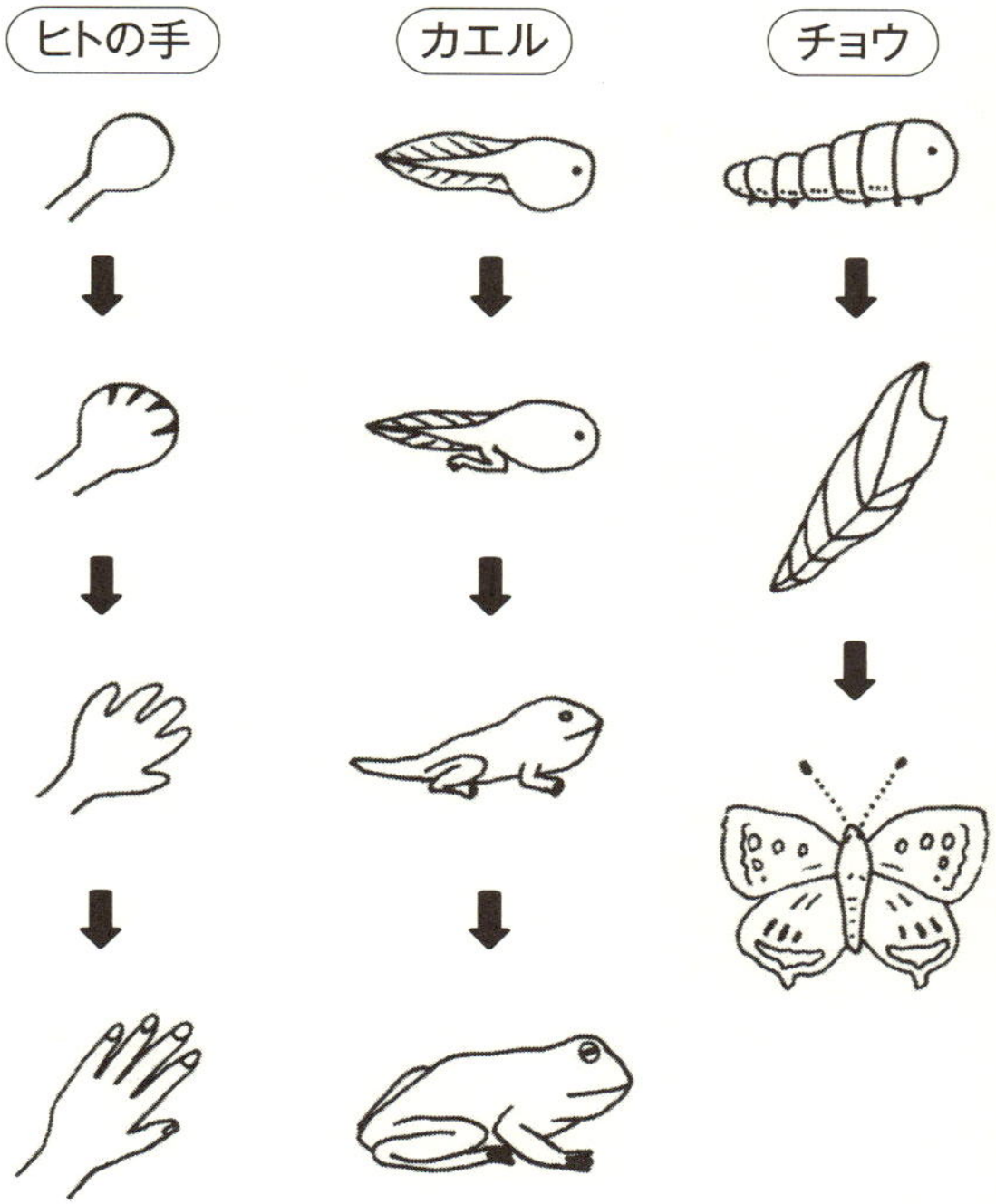

生物の形はアポトーシスによってつくられていく。

のは、甲状腺ホルモンというたった一種類のホルモンです。オタマジャクシが成長して甲状腺ホルモンが一定の濃度を超えると、アポトーシスを起こす遺伝子が活性化し、一方では陸上生活に必要な器官をつくるための遺伝子が働き出すのです。試しにオタマジャクシから甲状腺を取り除くと、オタマジャクシは変態できなくなり、〝ジャンボオタマジャクシ〟になってしまいます。

醜いイモムシがサナギになり、美しいチョウへと姿を変える際にも、アポトーシスが重要な役割を果たしています。

変態する前のイモムシは、その身体に蠕動《ぜんどう》運動を行うための筋肉と神経の細胞を持っています。しかしチョウとなって空を舞うのに、蠕動運動は不要です。イモムシ形の身体はそのまま蝶の胴体になるのではなく、サナギの殻のなかでアポトーシスによって整然と取り除かれ、その横でチョウとして生きるために必要な細胞が分裂・増殖していきます。またサナギから成虫へと羽化するとき、チョウの羽は初めはうちわのような形をしています。あの切り絵のような羽の切れ込みは、やはりアポトーシスによって周囲の細胞が死滅することで形づくられていくのです。

アポトーシスによる生物の形成過程を観察するのによく使われるのは、マウスやニワトリの指です。ニワトリの足先は、最初に指のない細胞の塊ができ、その後、指の間の細胞がアポトーシスによって死滅していくことで、彫刻のように浮き彫りにされてできあがります。

指の間の〝死ぬ運命にある〟細胞は、早い段階で取り出して別の場所に移植すると、生き残って軟骨細胞などに分化を遂げることが知られています。ところが、死ぬ予定のタイミングからおよそ24時間を切ってしまうと、移植しても細胞はそのまま死んでしまうのです。これは「死のプログラム」がすでに発動し、後戻りできないところまで進んでいるためです。

マウスやニワトリなどの例に限らず、生物が形づくられる際は「細胞を多めにつくって、不要な部分をアポトーシスによって削る」という過程を経ています。もちろん、人間もそうです。

みなさんの手も、まず細胞が分裂・増殖してグローブのような塊となり、決まった時期に決まった数だけ不要な細胞が死んでいくことで指が形成されています。つまりみなさんの指は〝生えてきた〟のではなく、細胞の塊を削って、できあがったものなのです。

アヒルの水かきがごく薄い膜として形成されるのも、植物の茎に管があるのも……と、アポトーシスによる形成の例は、挙げれば限りがありません。

芸術的とも言える生物の多様な形は、細胞の死が生命の成り立ちに深く関わっていることを私たちに教えてくれます。

人体の細胞は一日にステーキ一枚分も死んでいる

生物が形づくられた後も、アポトーシスは生命を維持するための重要な役割を担い続けます。アポトーシスを抜きにしては語れないのが、いわゆる「新陳代謝」です。

人間の身体のなかでは、毎日約200グラム分もの細胞が死んでいます。200グラムと言えば、およそステーキ一枚分。成人の身体は平均で約60兆個の細胞でできていますが、一日に死ぬ細胞数は3000億〜4000億個ほどですから、数で言えばだいたい2000分の1の細胞が、知らず知らずのうちに死んでいる計算になります。

一方で、死んだ分だけ細胞は補われます。たとえば、皮膚が28日周期で新しい細胞に入れ換わることはよく知られているでしょう。胃の内側の上皮細胞は、役割を果たし終えると、数日でアポトーシスを起こすことがわかっています。小腸の内壁にある絨毛《じゅうもう》表面の細胞の場合、置き換えに要するのは約3〜5カ月。肝臓の細胞はおよそ一年で新しい細胞に入れ換えられています。

死んだ細胞は皮膚であればはがれ落ち、胃や腸は便として排泄され、肺や肝臓などはマクロファージや周囲の細胞が貪食してきれいに片付けてくれます。こうして老化して働けなくなった細胞や活性酵素、発ガン性物質などによって異常を起こした細胞が消去され、日々新しい細胞へと入れ換えが行われることで、私たちは生きているのです。

「多めにつくって消去する」戦略

アポトーシスが生命現象のなかで重要な役割を担う場面は、ほかにもたくさんあります。その一つとして、「多めにつくって消去する」戦略を、危機への備えや対応として用いるケースを見てみましょう。

血液のなかには、酸素を運ぶ赤血球や、免疫を担当するリンパ球、止血作用を担う血小板など、さまざまな機能を持った血球細胞が流れています。こうした細胞はすべて骨髄にある造血幹細胞から分化してつくられていくのですが、それぞれ特定の機能を持った血球細胞になる一歩手前の状態で、常に余分に用意されていることがわかっています。たとえば赤血球の場合、造血幹細胞から分化した赤芽球という細胞が「いつでも赤血球になれますよ」という状態で待機しているのです。

しかし、多くの赤芽球は赤血球になることなく、アポトーシスによって消去されています。これは一見、無駄なようにも思えますが、人間の身体のなかでは、なぜこのようなことが行われているのでしょうか。

私たちの身体のなかのいろいろな組織や臓器で、どれくらいの細胞数を維持すべきかは、多くの場合、特定のホルモンの量に依存して決定されています。赤血球の場合、赤芽球から赤血球に分化する量はエリスロポエチンというホルモンによってコントロールされているのです。

多量に出血したときにエリスロポエチンの量を調べてみると、急激に増えていることがわかります。つまり、人間の身体は非常事態に備えて赤芽球を多めに用意しておき、いざとなったらすぐ赤血球を〝増産〟して対処できるようにしているのです。

また、怪我をした際に、傷口から透明な体液が出てくるのをごらんになったことはないでしょうか。これは血を止めるために出てくる血小板なのですが、血小板には細胞を増殖させる因子となるホルモンを放出する役割もあります。傷口付近の皮膚細胞は、このホルモンに反応して増殖を始めるのです。

細胞は分裂して増殖しますから、新しくできる細胞は必ず2個、4個、8個、16個、32個……と「2のn乗個」になります。ちょうど傷口をぴったり埋める数だけ細胞を増やすというわけにはいきません。

ではどうするのかと言えば、やはりちょっと多めに新しい細胞をつくるのです。傷が治る際に皮膚が盛り上がってふさがるのはこのためで、その後、不要な分がアポトーシスによって消去され、もとの皮膚の形に落ち着いていきます。

ホルモンの分泌とアポトーシス

温度の変化や、食事による血中の糖分（グルコース）の上昇といった変化が起こると、身体はその変化に対応して内部環境をもとに戻そうとします。このように、身体を一定の状態に維持しようとする性質は「ホメオスタシス（恒常性）」と呼ばれています。

ホメオスタシスを保つために中心的な役割を果たしているのが、ホルモンです。前項の例だけでなく、ホルモンの分泌とアポトーシスによる生体維持の間には深い関わりがあります。ホルモンの量によって細胞がその数を殖やしたり減らしたりする現象は、さまざまなシーンで見て取ることができるのです。

まず、よく取り上げられるケースとして、去勢したラットの前立腺萎縮の例を見てみましょう。

ラットを去勢すると、前立腺細胞は一週間以内におよそ85%が死滅します。これは、前立腺の細胞が男性ホルモンであるアンドロゲンに依存して増殖しているためです。去勢によってアンドロゲン量が減少し、減った分だけ細胞に増殖刺激が伝わらなくなって、アポトーシスが誘発されるのです。

前立腺ガンの治療では、睾丸を摘出する手術を行う場合があります。これは前立腺のガン細胞がアンドロゲンによって増殖するためで、アンドロゲンの供給を絶つことによってアポトーシスを誘導し、ガンを退縮させることを目的としているのです。

ぜんそくやアレルギーに対してステロイドホルモンが使われることも、アポトーシスとの関わりで理解できます。

ぜんそくやアレルギーは身体に過剰な免疫反応が起こることによる病気ですから、症状を抑えるには免疫反応に関わっているリンパ球の働きを抑制することが必要となります。つまり、リンパ球のアポトーシスを促進し、数を減らせばよいわけです。そこで登場するのが、ステロイドホルモン。

もっともこの治療法には、多くのリンパ球がステロイドホルモンによって死滅してしまうために免疫力が落ち、細菌やウイルスに感染しやすくなるというデメリットがあります。ステロイドホルモンが処方される際、同時に抗生物質が出るのはこのためです。

ホルモンと細胞量の関係で最もわかりやすい例は、人間の身体の老化現象に見出すことができます。

老化によって性ホルモンの分泌は少なくなっていきますが、これに伴い、ホルモンの量によって細胞数がコントロールされている臓器は小さくなります。細胞増殖によって補給される細胞よりも、アポトーシスによって死んでいく細胞のほうが多くなっていくからです。老人の身体が徐々に小さくなっていく現象は、ホルモン量とアポトーシスの関係から説明できるわけです。

アポトーシスによる異常細胞の除去

インフルエンザやＨＩＶ（ヒト免疫不全ウイルス）など、ウイルスが感染することによって発症する病気があることはみなさんよくご存じでしょう。

ウイルス感染症にはさまざまな種類があり、ＨＩＶのように一度感染すると放置していては治らないＡＩＤＳ（エイズ＝後天性免疫不全症候群）などの病気もありますが、インフルエンザはある期間が経過すると治癒します。このような違いが現れるのは、ウイルスに感染した細胞がどのような運命をたどるかを見ることで理解できます。

細胞を溶解させる溶解性ウイルスに感染した場合、細胞は機械的に破壊されてネクローシスを起こして死滅します。またウイルスのなかには、細胞のＤＮＡに組み込まれた後、細胞のアポトーシスを抑制して、そのなかで生きながらえるＨＩＶのようなものもあります。ではインフルエンザウイルスに感染した細胞がどうなるのかといえば、アポトーシスによって体内から消去されていくのです。

細胞には、ＤＮＡに異常が発生したときに、それを修復する能力が備わっています。しかし、ウイルスがＤＮＡに入り込んでしまうと、それを取り除いてもとに戻すのは非常に難しいのです。悪質な異常を起こした細胞は、可能な限りまるごと除去してしまうのが生体にとって最も安全な方法と言えます。

また、人間の身体のなかでは、日常的にぽつぽつとガン細胞ができています。しかし、すべてのガン細胞が増殖し、ガンと診断されるまでに至るわけではありません。では、一度できてしまったガン細胞の多くがどうなるのかというと、やはりアポトーシスによって死んでいくのです。

Better death than wrong（悪くて生きているよりも死んだほうがましだ）という言葉がありますが、細胞はまさに、これをアポトーシスで実行しているのです。異常をきたした細胞をアポトーシスによって死滅させ、新たな細胞に置き換える仕組みは、非常に理にかなった修復機構であると言えます。たとえて言えば、欠陥が残っているかもしれない事故車を修理して使おうとするより、いっそのこと新車に乗り換えたほうが安心できる――というのと同じことでしょう。

アポトーシスには「制御」と「防御」の役割がある

生命の発生過程において不要な細胞が死滅することや、ここまでに取り上げた「細胞が死ぬ」というアポトーシスの例などは、昔から知られていたものが少なくありません。しかし「遺伝子によって制御された死」という観点でとらえ直すことによって、これらの死は共通項を持つものと考えられるようになりました。

もっとも、アポトーシスはそれを誘導する要因、アポトーシスを発動させる物質や「何のために細胞が死ぬのか」という役割などを個別のケースで見ていくとそれぞれ異なる現象のようにも見えます。しかし、細胞社会のなかで役割を果たし終えたり、異常になったりしたときに自らプログラムを発動して死んでいくという共通点があります。

これをより大きな視点でとらえれば、アポトーシスとは「不必要な細胞が自ら死ぬことで、個体の生命を維持する」機能として統一して考えることができるのです。

アポトーシスの役割は、大きく2つに分けて考えることができます。

一つは、細胞の増殖や分化と同様、本来的に備わった基本機能として、個体の完全性を保つ「生体制御」の役割。個々の細胞が個体全体を認識し、アポトーシスによって不要な細胞が自ら死んでいくことが個体を個体ならしめていると言えます。

そしてもう一つが、ウイルスやバクテリア、ガン細胞といった内外の〝敵〟が現れたとき、異常をきたした細胞をアポトーシスの発動によって消去する「生体防御」の役割。つまりアポトーシスは、細胞が自ら死んでいくことによって、個体を守る機能を果たしているのです。

プログラムされたもう一つの細胞死

ここまで見てきたように、人間の身体はアポトーシスによって細胞が日々消去され、一方で細胞が分裂・増殖し、全体のバランスを保ちながら生命を維持しています。

しかし実は、すべての細胞がアポトーシスによって入れ換えられているわけではありません。人間の身体のなかには、何十年も生き続けて高度な機能を果たす細胞も存在しています。

一般には、分裂・増殖する機能を持つ細胞は「再生系」、ほとんど増殖せずに生き続ける細胞は「非再生系」と呼ばれます。人間の細胞は、このいずれかの細胞集団に分類することができます。

非再生系の細胞の代表例として挙げられるのは、脳の中枢の神経細胞や心臓の心筋細胞です。神経細胞は記憶や思考といった脳の高次機能を司り、心筋細胞は心臓の拍動を担っています。こうした細胞は生命の維持において高度な役割を果たしており、簡単に置き換わるわけにはいきませんから、生まれてからずっと同じ細胞が生き続けるのです。

もっとも、非再生系細胞も分裂・増殖したり死んだりすることはあります。脳の神経細胞の場合、胎児の頃には活発に分裂・増殖しており、誕生後は非分裂性細胞に変わるという経過をたどります。また、発生過程において余分につくられた神経細胞のうち、シナプスが形成されなかったものは死滅しますし、残った神経細胞も永遠に生き続けるわけではなく、一定の数が毎日死んでいくのです。

成人した人間の場合、大脳皮質では生涯平均で一日あたりおよそ10万個の神経細胞が死滅していると言われています。脳全体の細胞は約１０００億個もありますから、10万個と言えばほんの０・０００１％にすぎません。１００年間生きたとしても、死滅するのは４％程度ということになります。しかし、大脳皮質には約１５０億個の神経細胞しかありません。大脳皮質のみに絞って考えれば、１００年経つとおよそ４分の１の神経細胞が死滅してしまうわけです。

なぜ大脳皮質の神経細胞がこれほどたくさん死んでいくのか、その理由は明らかではありませんが、おそらく高度な機能を毎日果たしているうちに、劣化していくのだろうと考えられます。加齢と共に、神経細胞を維持するためのホルモンの分泌が少なくなることも理由の一つでしょう。また、毎日の学習において必要な情報を選び記憶するという過程で、不要な情報をため込んでいる神経細胞が、「死」によって消去される必要があるのかもしれません。いずれにしても、神経細胞も永遠に生き続けることはできないのです。

このような神経細胞の死は、もちろんネクローシスではなく、遺伝子にプログラムされています。

しかし同じ「プログラムされた死」であっても、非再生系細胞と再生系細胞とでは、その役割が異なります。再生系の細胞では生命維持のためにアポトーシスがあり、細胞の置き換えが行われているのに対し、非再生系の細胞の死にはそのような役割はありません。非再生系細胞は死んでしまえば、基本的に置き換えが行われないため、その死は「個体の死」に直接関わってくるのです。こうした違いを踏まえると、再生系細胞と非再生系細胞には、それぞれ別の「プログラムされた細胞死」があると考えたほうがよいと言えるでしょう。

実際、神経細胞が死んでいく様子を観察すると、アポトーシスの場合と比べて、DNAが大きな断片に切断されるという明確な相違点があります。アポトーシス小体の形成も、ほとんど見られません。非再生系の細胞は、アポトーシスとは異なる特殊な「死の制御の仕組み」を持っていると考えられるのです。

私は、非再生系の細胞にプログラムされた死を「アポビオーシス（apobiosis＝寿

図7　細胞死の分類

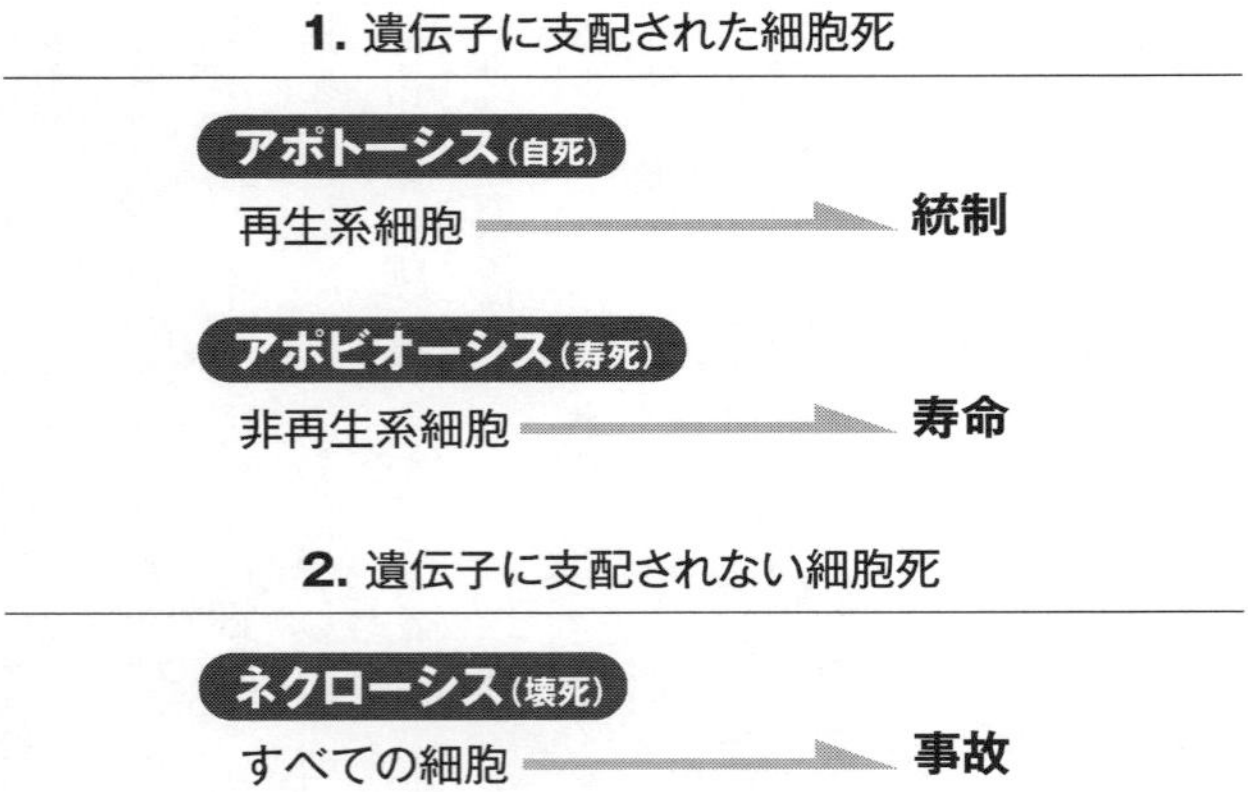

死)」と呼んで区別しています。"bios"はギリシャ語で「生命」を意味しており、アポトーシスと同じ「離れる(apo)」という接頭辞をつけることで「生命から離れる」「寿命が尽きる」ことを表現した言葉です(図7参照)。

アポトーシスは「回数券」、アポビオーシスは「定期券」

再生系の細胞は分裂・増殖とアポトーシスによる消去を繰り返すことができますが、その回数には上限があります。分裂できる回数は動物によって異なり、人間の場合はおよそ50〜60回。いわば、

「回数券」のようなものなのです。

また、このたとえを援用すれば、アポビオーシスは耐用時間の上限を迎えることによる「定期券」的な細胞の死ととらえることもできるでしょう。


細胞の分裂回数に限りがあることを最初に発見したのは、アメリカのレオナルド・ヘイフリックです。

ヘイフリックは人間の胎児の肺組織を使い、ばらばらにした細胞を培養液のなかで培養しては、増殖したものをまたばらばらにして培養するという実験を行いました。こうして培養を何代にもわたって続けた結果、人間の細胞がおよそ50〜60回を上限に分裂できなくなることに気づいたのです。ヘイフリックの名前をとり、細胞の分裂回数の上限は一般に「ヘイフリック限界」と呼ばれています。

ヘイフリックは、培養を繰り返す途中で細胞を凍結保存し、数カ月間おいた後に、再び培養するという実験も行っています。この実験からわかったのは、時間の経過と関わりなく、分裂回数の上限が一定であること。つまり、細胞は「自分は何回分裂したか」

図8　テロメアのDNA反復配列

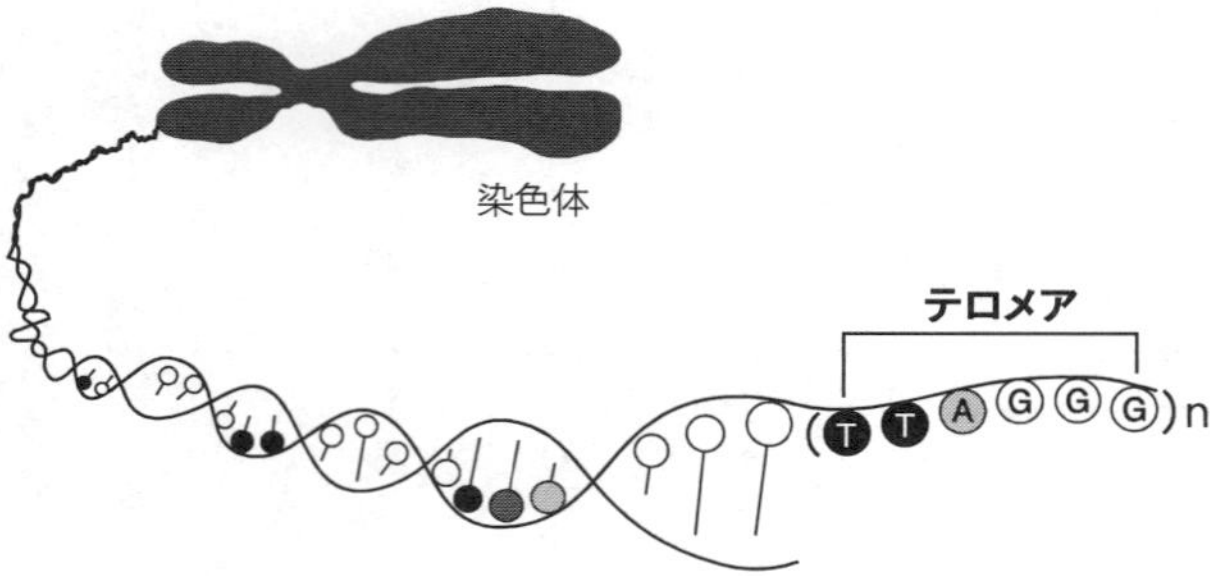

を記憶していると考えることができるのです。

では、再生系の細胞は、残っている「回数券の枚数」をどのようにして数えているのでしょうか。

分裂回数のカウンターとして注目されているのが、「テロメア」と呼ばれる特殊なDNA配列部分です（図8参照）。

先に述べたように、細胞の核のなかには人間の場合、23対46本の染色体があります。一本は父親から、もう一本は母親から受け継ぐもので、それぞれに入っているDNAのひもに必要な遺伝情報が入っているのです。DNAには「A」「C」「G」「T」という4つの文字列として遺伝情報が書き込まれているのですが、DNAの末端には「TTAGGG」という順に並んだ6文字の配列が1000～2000回も続いていることがわかっています。

テロメアとは、この「TTAGGG」という繰り返しの配列部分のこと。テロメアの部分には遺伝子は存在せず、その役割はDNAの二重らせん構造を安定させることであると見られています。二重に絡み合ったDNAのひもを縄飛び用の縄にたとえれば、テロメアは縄の両端にあるグリップ部分のようなものなのです。

テロメアは細胞が分裂するたびに、「TTAGGG」の文字列の約20個分ずつ短くなっていることがわかっています。若い細胞と老化した細胞を比較すると、老化細胞のほうがテロメアが短く、長さが半分ほどになると、細胞は分裂を止めてアポトーシスを迎えるのです。おそらくテロメアがこれ以上短くなると、DNAの二重らせん構造の安定性が保てなくなってしまうのでしょう。

このような事実から、テロメアは「回数券のカウンター」としての役割も担っているのではないかと考えられているわけです。

細胞死と個体の寿命の関係

アポトーシスの「回数券」的な死と、アポビオーシスの「定期券」的な死――この2つの細胞死は、個体の寿命とどのような関係があるのでしょうか。

「回数券の枚数」、つまり細胞が分裂できる回数は、動物種によって異なります。さまざまな動物の胎児の皮膚で分裂の上限回数を調べ、その動物種の最大寿命との関係をプロットしたものが図9のグラフです。

人間の最大寿命はだいたい120歳で、皮膚細胞は50～60回分裂することができます。マウスやラットの最大寿命は3～5歳ほどで、皮膚細胞は8～10回ほどしか分裂できません。また、長生きすると175歳にもなるというガラパゴスゾウガメでは、約125回も細胞分裂が可能と言われています。

図9から、細胞分裂の上限回数と動物種の最大寿命との間に、直線的な関係が見て取れます。この相関性から、細胞の「回数券」の枚数が、個体の最大寿命を規定していると考えることができるでしょう。

図9　動物の最大寿命と細胞分裂の回数は比例している

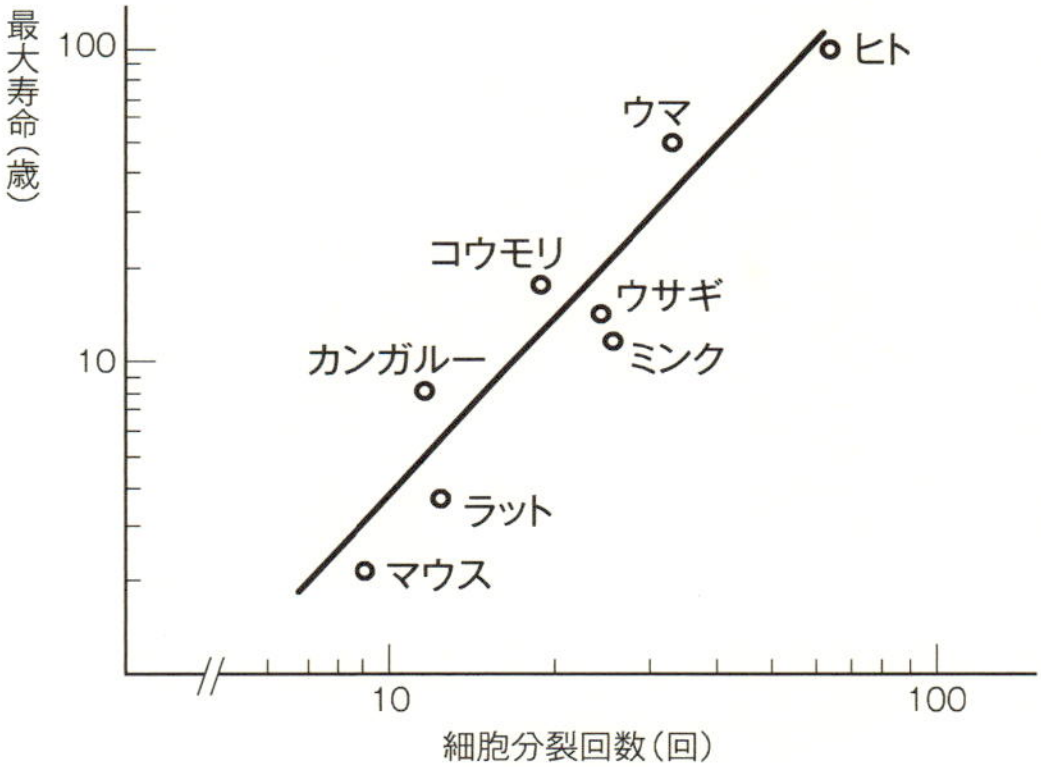

一方、非再生系の細胞は、「定期券切れ」となってアポビオーシスを起こしても、新たな細胞への置き換えは行われません。多くの非再生系細胞がアポビオーシスを起こし、脳や心臓が機能できなくなれば、生命の維持はできません。非再生系の細胞にプログラムされた「定期券の期限」も、やはり個体の寿命と非常に密接に関わっていると言えます。

アポトーシスとアポビオーシスのどちらによって個体の死が決まるのか、一概に言うことはできません。非再生系細胞と再生系細胞は、相互に関わり合って生きているからです。たとえとして、お酒の飲みすぎなどで肝臓の細胞の回数券を使い果たしてしまった場合、神経細胞や心筋細胞にも悪影響が出る……と聞くと、イメージがわきやすいかもしれません。

「回数券をどれくらいで使い切るか」「定期券がいつ切れるか」は、すべてが事前に決められているわけではありません。

紫外線や化学物質、放射線物質、ストレスや暴飲暴食によって多量に発生する活性酸素など、種々の後天的な環境・生活要因によって「回数券」を早く使い果たしてしまったり、「定期券」が早く切れてしまったりすれば、個体は最大寿命まで生きることができないのです。

逆に言えば、環境・生活要因による悪影響を最大限に減らすことによって、与えられた細胞の寿命を最大限に活かすことができるということです。これが健康長寿の基本ということにもなるでしょう。

第3章

「死の科学」との出合い

DNAの「複製」と「修復」

1970年代末、薬学部の学生として大学院に通っていた頃、私は所属していた研究室で、DNAの「複製」と「修復」をテーマに基礎的な研究を行っていました。

細胞が分裂するとき、DNAは2倍に複製されます。当時はこのDNAを複製する酵素がまだ見つかっておらず、それを同定することが重要な目的の一つでした。というのも、このような研究が抗ガン剤の開発につながると考えられていたからです。ガンは細胞が異常増殖する病気ですから、研究の背景には「細胞分裂の際にどのようなメカニズムでDNAが複製されるかを解明し、それを止めることができないか」という発想があったわけです。

DNAの修復については、少し説明が必要でしょう。

私たちの身体のなかでは活性酸素などによって細胞がダメージを受け、DNAが日常的にキズを負っています。たった一つの細胞のなかでも、一日に最大50万回程度の損傷が起きており、それを修復しながら生きているのです。

細胞増殖に関わる遺伝子にキズがつけば、細胞が異常増殖してガン化する可能性もありますから、キズを修復する仕組みは生命体の維持において大変重要な役割を果たしていると言えます。このメカニズムを解明することが、当時、研究室のテーマの一つだったわけです。

ちなみに、人間の細胞は修復能力が非常に高く、ほかの多くの動物と比べてガン化しにくいことが知られています。他方、ネズミは細胞の修復能力が低く、ガンになりやすいのですが、これは生物として「DNAのキズを修復するかわりに、子どもをたくさん残す」という戦略を採っていると考えることができるでしょう。人間は高いDNAの修復能力と長寿命を持つ一方で、子孫をあまりたくさん残せない生き物なのです。

「なぜ細胞は死ぬのか?」

研究者として大学に就職してから、私はDNAの複製や修復の研究を続ける一方、国立がんセンター(現・国立がん研究センター)と共同で、ガン細胞の増殖についても本格的に研究するようになりました。

実験では、細胞に放射線や紫外線を当て、人為的にDNAにキズをつけて実験を行うことがよくあります。たとえば紫外線を段階的に当てていくと、紫外線が弱い場合はDNAのキズが修復されて生き延びますが、特定の遺伝子にキズがついて修復できなくなれば、細胞がガン化する恐れがあるのです。さらに強い紫外線を当てると、細胞はキズを修復できずに死んでしまいます。

細胞を殺してしまっては実験ができませんから、紫外線を強く当てすぎて死んでしまった細胞は、言ってみれば〝失敗作〟。「壊死しちゃったよ」の一言で片付け、捨ててしまうものでした。

しかしあるとき、私はふと思ったのです。

「どうして、この細胞は死んだのだろう?」

紫外線の強さのちょっとした差で、生き延びる細胞がいれば、死んでしまう細胞もいる。その分水嶺はどこにあるのだろう？ 細胞はキズの程度をどう認識し、生死を決定しているのか？

それが、私の抱いた疑問でした。

そこでガン細胞に思いを巡らせると、それまでとは異なる視界が開けてきました。当時、研究者たちはガン遺伝子の発見競争に躍起になっていました。細胞を異常増殖させる遺伝子を見つけて複製を止める阻害剤をつくれば、ガンの治療薬ができると考えていたのです。こうした研究は「ガン細胞はなぜ無秩序に増えるのか」という観点で行われていた、と言うこともできるでしょう。

しかし、正常な細胞も分裂・増殖することに変わりはありません。「ガン細胞と正常な細胞の違いは、ガン細胞が死なないことにあるのではないか」「〝死〟の方向から〝生〟をとらえ直すことで、本質が見えてくるのではないか」——そんなふうに考えるうちに、私は死の決定のメカニズムに強い興味を持つようになったのです。

文献を調べてたどり着いた「アポトーシス」

細胞の死に関する文献に当たり始めたのは、1980年代末のことでした。当時はまだC・エレガンスのゲノム解析もおそらく終わっていなかったわけですが、ともあれ、私はカーの論文にたどり着き、〝apoptosis〟という言葉と出合ったのです。

まず唸ったのは、「木の葉が落ちる」というウイットに富んだネーミング。こと科学の分野でも、長く残り親しまれるネーミングは示唆に富んでいるものなのです。細胞の終焉《しゅうえん》を落ち葉になぞらえつつ、「マイトーシス（細胞分裂）」「ネクローシス（壊死）」といった古くからある言葉と語尾をそろえてあり、うまく考えたと感心したものです。

何より、細胞死といえばすべて「壊死」で片付けられていたなか、遺伝子に死がプログラムされているのではないかという考え方は、非常に新鮮に映りました。

私がそこから得たのは、細胞が死にゆくプロセスがあらかじめプログラムされたものならば、それがどう制御されているかを解明することが重要なのではないかという着想でした。

ガン細胞でどのプロセスが止まっているか、「死なない理由」がわかれば、もともと細胞が持っている「死のプログラム」をガン細胞に惹起《じゃっき》させる抗ガン剤がつくれるのではないかと考えたわけです。さらに言えば、「死のプログラムを解明すれば、生と死の分水嶺を化学物質で科学的にコントロールできるはずだ」という思いもありました。


私は早速、プログラムされた細胞死という考え方に興味を持ついろいろな方面の研究者と、アポトーシス研究の将来を語り合うようになりました。

その頃は〝apoptosis〟という言葉がまだ知られておらず、日本語でどう表記するかも決まっていませんでしたから、日本ではどう呼ぶべきかといったことまで話し合ったものです。ネクローシスを「壊死」と訳すことにならい、アポトーシスにも「自滅死」「自爆死」「自死」などと日本語をあてる案もありましたが、結局、原著論文の「セカンドpをサイレントに、アクセントはtに」という指定に従って「アポトーシス」と発音・表記しようということになったという経緯があります。

もっとも、こうして新たな着想を得たものの、すぐにアポトーシスの研究に没頭するというわけにはいきませんでした。

当時「死の科学」に価値を見いだす研究者は少数派で、ある大学教授からは「お前は馬鹿だなあ。いくら死の研究をしたって、その先は袋小路じゃないか」と言われてしまったこともありました。「死」を研究する意義がなかなか理解されないなかで、アポトーシスをテーマに掲げて十分な研究費を確保するのは難しかったのです。

免疫学の研究で「死」が注目された理由

実はこの頃、一足早く「プログラムされた細胞の死」が注目を集め始めた分野がありました。それは、免疫学における免疫細胞の分化や、自己免疫の発症に関する研究です。

みなさんも「免疫」という言葉はよく耳にすることがあると思いますが、免疫のシステムを語るうえでは、細胞の消去が非常に重要であることがわかっています。

人間の身体には、ウイルスや細菌、化学物質などの「非自己（自分の生体成分ではないもの）」が日々降りかかってきます。簡単に言えば免疫システムとは、免疫細胞がこうした非自己を中和する抗体をつくり、攻撃から身を守る仕組みのこと。しかし、どんな非自己がやってくるかわからない状態で、どうやって抗体を用意しているのでしょうか。ここで、その仕組みを見ておきましょう。

先に見たように、遺伝子とは言ってみれば、抗体のようなタンパク質をつくるための〝設計図〟で、私たちの細胞は基本的にすべて同じ配列の遺伝子を持っています。つまり、あらかじめどのようなタンパク質をつくれるかが決められているわけです。

ところが免疫細胞では、その一つひとつで遺伝子配列がランダムに組み換えられることがわかっています。つまり免疫細胞は、個別に独自の遺伝子を持ち、そこからバラエティに富んだ抗体をつくり出しているわけです。

一つの免疫細胞は、一種類の抗体しかつくれません。しかし遺伝子配列の組み換えを行って、次々と免疫細胞を生み出せば、常に多様な「非自己」に対応する抗体を準備をしておくことができます。

ちなみに、免疫細胞における遺伝子組み換えの仕組みを解明したのが利根川進先生です。この功績によって1987年にノーベル生理学・医学賞を受賞していることは、みなさんもよくご存じでしょう。

免疫システムとアポトーシスが切っても切り離せない理由の一つは、次々と生み出される多様な免疫細胞を、すべて身体に持ち続けるわけにはいかないからです。

免疫細胞は、いつ役目が回ってくるかわからないままランダムに用意されます。もちろんそのなかには役目がこないものもたくさんあり、使わないものは一定の時間が経てば消去しなければなりません。

たとえて言えば、災害に備えてさまざまな缶詰を備蓄しているようなものと考えられるでしょう。消費期限を迎えた缶詰は、廃棄して新しいものに入れ換えておく必要があります。この「古いものを消去する」仕組みを担保しているのが、アポトーシスです。

それだけではありません。いざ非自己が体内に侵入してきたら、その非自己を中和するための抗体をつくる免疫細胞が増殖して、外敵を退治し始めるわけですが、退治できた後はこれらの免疫細胞は不要になります。再度の〝襲撃〟に備え、一部はメモリー細胞として長期にわたり体内に残りますが、そのほとんどは消去されねばなりません。それを担うのも、アポトーシスです。

そしてもう一つ、免疫システムにおいてアポトーシスが果たす非常に重要な役割は、免疫細胞から〝不良品〟を消去すること。

免疫細胞は遺伝子の組み換えによってランダムにつくられるため、そのなかには有用な抗体をつくり出せないものや、自己（自分の生体成分）に対する抗体をつくってしまうものもあります。自分自身に対する抗体をつくってしまう免疫細胞は人体にとって危険ですから、血液中に出てくる前に完全に除去しなくてはなりません。これを可能にしているのも、アポトーシスなのです。

免疫細胞は骨髄でその前身となる細胞が生まれると、血液に乗って胸腺に運ばれ、そこで成熟するという過程を経ています。このとき、胸腺のなかではストローマ細胞という〝教官〟が「あなたは死になさい」「あなたは大丈夫ですよ」というように〝教育(エデュケーション)〟を行います。

この〝教育〟により、非自己を認識できないものや自己抗体をつくるようなものに死のシグナルを送り、アポトーシスを起こさせることで免疫システムは維持されているのです。〝教育〟の過程で、およそ95%もの免疫細胞が死滅すると言われていることからも、免疫システムにおいてアポトーシスがいかに重要な役割を果たしているかを感じ取ることができるでしょう。

免疫細胞への〝教育〟がうまくいかず、自己抗体をつくるものが血液中に流れてしまうと、非常に重い病気を引き起こします。顔に蝶形の赤斑が出る全身性エリテマトーデスや関節リウマチなどは、「膠原病《こうげんびょう》」と総称される自己免疫疾患のなかの一つです。

免疫学の分野でアポトーシスが早くから注目を集めたのは、自己免疫疾患の謎を解明する際、「どこで死のプロセスに異常が生じているか」を明らかにする必要があったことも理由の一つではないかと思います。

マイナーだったアポトーシス研究の台頭

アポトーシスの研究は長く陽の当たらない期間があったものの、免疫学における関心の高まりもあり、それまでガン細胞の増殖を研究していた研究者たちも、細胞死のメカニズム異常に注目するようになりました。「異常増殖の前提はガン細胞が死なないことだ」という考え方が広がり、研究テーマの軸足を細胞増殖からアポトーシスに移す研究者が増えていったのです。

現在、アポトーシスに関する論文は世界中で毎月数百本も発表されており、とてもすべてに目を通せないほどです。

日本国内の研究者の間でも、「アポトーシス」という言葉が当たり前に使われるようになりました。自己免疫疾患やガンに限らず、さまざまな病気に「アポトーシスの異常」という角度から光が当てられ、研究が進められています。

私が初めて文献を探した頃は、細胞死に関する論文は少なく、頑張ってかき集めてもいまの数十分の一程度しかありませんでした。「死の研究なんて袋小路だ」と言われた当時の状況を思い返せば、ここ15年ほどの間でアポトーシス研究は急速に台頭してきたと言っていいでしょう。

アポトーシスの研究は、近年、さらにすそ野が広がっています。特に盛り上がりを見せている分野の一つが、植物の細胞死の制御に関する研究です。

生物が形作られる際にはアポトーシスによる細胞の消去が行われますが、たとえば葉物の農作物のアポトーシスを抑制すれば、葉の切れ込みがなくなって収穫量を上げられる可能性があるでしょう。

「病原菌や害虫に強い」「塩害に強い」「寒冷地でも育つ」といった特性を持つ農作物も、アポトーシスを抑えるというアプローチで実現できるかもしれません。つまり無農薬での農業や、農地の土壌に塩分が多い、気温が低いといった条件でも、死のプログラムが発動しないように制御すると考えればよいのです。

病原菌や寒さで植物がしおれるのは、感染や一定の温度によってアポトーシスを起こす死のシグナルが発動するためでしょう。そのようなアポトーシスを制御する遺伝子が見つかれば、それを植物に入れて遺伝子を組み換えることで、病原菌や寒さに耐性のある品種をつくることが可能なはずです。また、植物のアポトーシスを制御できる化学物質が見つかれば、これまでにない、まったく新しいメカニズムによる農薬が開発されることになるでしょう。

動物と植物ではアポトーシスのメカニズムに違いがあり、現在のところ植物のアポトーシス抑制遺伝子は見つかっていません。

近年では比較ゲノム解析によって異なる種の遺伝子が簡単に比較できるようになっているのですが、動物と植物の遺伝子を比較すると、植物は動物と同じアポトーシス抑制遺伝子を持っていないことを確かめることができます。

しかしある実験では、動物細胞で見つかったアポトーシス抑制遺伝子を植物に入れると、植物のアポトーシスが止まることが確認されています。このような現象が見られるということは、おそらく、植物にも動物細胞と同様の機能を持つタンパク質をつくれる遺伝子が存在しているのでしょう。

その遺伝子を組み換えることで、アポトーシスをコントロールすることが可能なのではないかと考えられます。

農林試験場などで行われている交配による品種改良は「自然の遺伝子組み換え」と言えますが、アポトーシスの研究によって、より効率的に、目的に合った品種改良ができるようになるかもしれません。


アポトーシスは細胞のＤＮＡ修復機能と深く関わっていますが、この点に着目すると、人間の皮膚をメンテナンスする化粧品成分を開発できる可能性もあります。

皮膚は通常、28日周期でアポトーシスを起こして新しい細胞に入れ換わっています。いわゆる新陳代謝を行っているわけです。

ところが強い紫外線を浴びた場合など、一定のダメージを受ければ、10日も持たずに細胞が死んでしまうこともあります。この現象をより仔細に見ると、細胞の中のＤＮＡが紫外線によって損傷を受けた際、細胞ではキズを直すことによって細胞を生きながらえさせるか、修復できないと判断してアポトーシスのスイッチを入れるかの判断が行われていることがわかります。

この「生きるべきか、死ぬべきか」の判断が行われる〝変換点〟を、細胞により強い修復能力を持たせることによって、より死ににくい方向にずらすことができるはずです。つまり生／死の決定メカニズムを解明し、〝変換点〟をずらすことのできる化合物を見つけることができれば、多少強い紫外線を浴びても、皮膚を修復できる新しい化粧品がつくれるかもしれません。

また、アポトーシスの原理は生物学の枠組みを超え、工学の分野でも研究に取り入れられています。アポトーシスのように、自然に消滅したりリサイクルしたりできるシステムの設計論が注目を集めているのです。

細胞が自らの遺伝子にプログラムされた「死」を遂行するというアポトーシスのメカニズムは、幅広い分野で、それまでには持ち得なかった着眼点や新しい発想の転換をもたらしています。

「死」という新たな視点を獲得し、これまでの物の見方を180度変えることによって、今後、さまざまなジャンルで技術革新が生み出されていくことでしょう。

第4章

アポトーシス研究を活かして、難病に挑む

アポトーシスと病気の関係

アポトーシスの概念が広がっていなかった頃、臨床医学の分野では「異常な細胞・組織を取り除くこと」「正常な細胞・組織は保護すること」が治療の基本と考えられていました。

しかし「遺伝子にプログラムされた細胞死」があるとわかったことで、病気の根本的な治療法として「アポトーシスをいかに制御するかが重要だ」と発想の転換が起こってきたのです。

実際、多くの深刻な病気は、多かれ少なかれアポトーシスの異常という観点からとらえ直すことができます。

ガンや自己免疫疾患は、「本来死ぬべき細胞が死なない」ために起こる病気と言えます。一方、アルツハイマー病やパーキンソン病、劇症肝炎などは「細胞が急速に死んでしまう」ことが病態と密接に関わっているのです。

このように病気をとらえ直すと、細胞の基本機能であるアポトーシスを積極的にコントロールし、治療に活かしたり病気を未然に防いだりすることも可能であると考えられるのです。

たとえば心筋梗塞や脳梗塞の治療においては、虚血による細胞死を抑制するという観点から、アポトーシスを中心とする細胞死の制御が重要であると考えられています。臓器移植時に起こる拒絶反応の問題も、移植した組織の細胞がアポトーシスによって死滅してしまうことが生着の失敗を招くのだと見ることができます。移植後に起こるアポトーシスを抑制することができれば、組織を生着させられる可能性は高まるでしょう。

現在はさまざまな病気について、「アポトーシスを制御することによって細胞を正常に維持し、治療できないか」というアプローチで、盛んに研究が行われるようになっています。アポトーシスの研究は、医療への幅広い応用展開が可能なのです。

死を忘れた細胞――ガン

特に研究者たちの関心を集めているものの一つが、ガンに関する研究です。ガンで亡くなる方は世界中で毎年700万人以上にのぼっており、日本においても、1981年以降はガンが死因の第一位となっています。また日本では、3人に2人がガンにかかり、ガン患者の3人に一人が命を落とす病気となっているのです。新しい治療薬や治療法の開発が進んでいるとはいえ、完治させることが難しい病気であることに変わりはありません。

細胞は、遺伝子がキズを負うことでガン化することがわかっています。「ガンにかかりやすい家系だ」という場合、もともと特定の遺伝子にキズを持っていることを指しており、生まれ持った遺伝子の異常が原因で発症するガンは約20％と言われています。

私たちは両親からそれぞれ遺伝子を受け継いでいますから、一方の遺伝子に異常があったとしても、もう一方が正常であれば発病を食い止めることができます。逆に言えば、両親双方から異常な遺伝子を受け継いでしまえば、ガンが発症するリスクは格段に高くなる、ということです。もっとも、2つとも異常な遺伝子を受け継ぐ確率は非常に低いので、心配することはありません。

一方の遺伝子が正常で、もう一方に異常がある場合、正常なほうの遺伝子が発ガン性物質や活性酸素などの影響でキズを負うと発ガンしてしまいます。正常な遺伝子にキズがついてしまわないよう、注意する必要があるでしょう。

生まれ持った遺伝子の異常とは関わりのない、残り約80％のガンは、毎日の生活状態や環境要因によるものと考えられています。

食べ物や空気、ストレスなどさまざまな要因によって、遺伝子は日常的に多数のキズを負い、それを修復しながら身体を維持しています。キズのつく場所が悪く、かつそれを修復できなかった場合、細胞がガン化する恐れが高くなるのです。

「遺伝による先天的なものが約20％、生活環境要因などによるものが約80％」と言われる比率は、常に一定というわけではありません。空気の汚染やストレスの増加など、生活環境が悪化すれば、生活環境要因によるガンの発症の割合は増えると考えることができるでしょう。

もっとも、細胞がガン化するのは珍しいことではありません。

実は日々、みなさんの身体のなかでもガン細胞はできています。ガン細胞が一つや2つあるだけでガンを発症するわけではありません。ガン細胞にアポトーシスを起こす力が残っていれば、異常な細胞として免疫細胞によってアポトーシスが起こされ、消去されます。

ここで一つ、興味深い事実を紹介しましょう。ガン細胞が身体のなかで成長する場合と、試験管のなかで培養された場合を比較すると、成長する速度は、試験管での培養のほうが圧倒的に速いのです。試験管で培養されたガン細胞は、一日でおよそ2倍になってしまいます。

もし体内でもこのスピードでガン細胞が増えれば、一日ごとに2倍、4倍とあっという間に大きくなってしまうでしょう。しかし実際には、多くのガンは何年もかけてゆっくりと成長していきます。

これは、ガン細胞が体内で増殖してガンを発病したとしても、免疫細胞によるアポトーシスの誘発で死んでいくガン細胞が相当数にのぼることを示唆しています。つまりガンの成長は、ガン細胞の増殖とアポトーシスによる歯止めのバランスによって、その速度が決まると考えられるわけです。

加齢によってガンを発症する割合が高くなるのは、遺伝子のキズが蓄積してくることと、免疫力が落ちてくるためにガン細胞がうまく除去できず、生き残ったものが塊となり、悪性化するリスクが高まるためなのです。

かつて、ガンの研究は「なぜ細胞が異常増殖するのか」「細胞がどのようにして異常なガン細胞に変わっていくのか」が二大テーマとされていました。細胞増殖に関係する遺伝子の異常が注目され、「発ガン遺伝子＝細胞を異常増殖させる遺伝子」を特定しようという方向で研究が進められていたわけです。

しかし、遺伝的にガンを発病しやすい家系の人の遺伝子を調べたところ、異常が見られたのは「ガン抑制遺伝子＝細胞にアポトーシスを起こさせる遺伝子」であることがわかってきたのです。

ガンは「腫瘍《しゅよう》」という呼び方をする場合がありますが、みなさんもご存じのとおり腫瘍には良性のものと悪性のものがあり、良性のものはガンとは呼びません。

では良性と悪性を分けるものが何かと言えば、「アポトーシスを回避して〝不死化〟できるかどうか」。ガンには必要条件として「細胞が異常に増殖できること」、十分条件として「細胞がアポトーシスを抑制できること」が挙げられ、必要十分条件がそろった場合に初めてガンになるわけです。ときおり「ガンが消えた」という話を耳にしますが、これは腫瘍にアポトーシスを起こす力が残っており、何らかの刺激や免疫細胞の攻撃によって萎縮したり死滅したりしたケースと言えるでしょう。

わかりやすくたとえると、発ガン遺伝子はアクセルで、ガン抑制遺伝子はブレーキと言うことができます。細胞が異常に増える理由を考える際、「アクセルが踏まれて増殖のスピードが速まる」ことだけでなく「本来踏まれるべきブレーキがかからない」ことに目を向けなければ、ガンのメカニズムを正しく理解することはできません。

また、先に「細胞には再生系細胞と非再生系細胞がある」ということを説明しましたが、ガン細胞は再生系の細胞群からしか生まれてこないことがわかっています。

再生系の細胞とは、言い換えれば「古い細胞を新しい細胞に交代できる、アポトーシスの機能が備わった細胞」。このことからも、ガンの要因として「アポトーシス異常」を見逃すわけにはいかないことが推測できます。

いずれにしても、アポトーシスを抜きにしてガンを語ることはできないのです。

ガン治療の4つのアプローチ

現在のところ、ガンの治療には主に4つのアプローチがあります。

一つめは、手術などによる腫瘍の切除です。ガンが小さいうちであれば特に、外科的に除去するのは最も望ましい方法と言ってよいでしょう。

しかし残念ながら、どんな手術でも「ガンが完全に取り除け、100％安心してよい」ということはありません。腫瘍をきれいに取り除いても、すでに血管やリンパ管を通じて漏れ出したガン細胞があれば、ほかの場所で増殖する可能性は残ります。

2つめは、腫瘍に放射線を当てて、ガン細胞を殺す放射線治療です。

放射線治療の課題はいくつかありますが、まずガン細胞に限らず、周辺の正常な細胞まで破壊してしまうこと、そして照射されたガン細胞がすべて死滅するわけではないことが挙げられるでしょう。ガン細胞のなかには放射線に抵抗性を示すものが少なくなく、生き残ったガン細胞が増殖したり転移したりすることが考えられます。

また、放射線の照射によって「ガン細胞がどのような死に方をするか」を考えると、別の問題も見えてきます。

放射線を受ける細胞は、当てられる放射線の強さによって「DNAについたキズを修復して生き残る」「キズが多く、修復することをあきらめてアポトーシスを起こす」「細胞が破壊されてネクローシスを起こす」という3つのケースが考えられます。図10は、放射線の強さによる、それぞれの割合の推移を模式的に示したものです。

アポトーシスを起こす強さとネクローシスを起こす強さは、きれいに一点で分けられるものではなく、放射線を強くしていくに従ってネクローシスを起こす細胞の割合が増

図10　放射線の強さによるアポトーシスとネクローシスの割合のイメージ

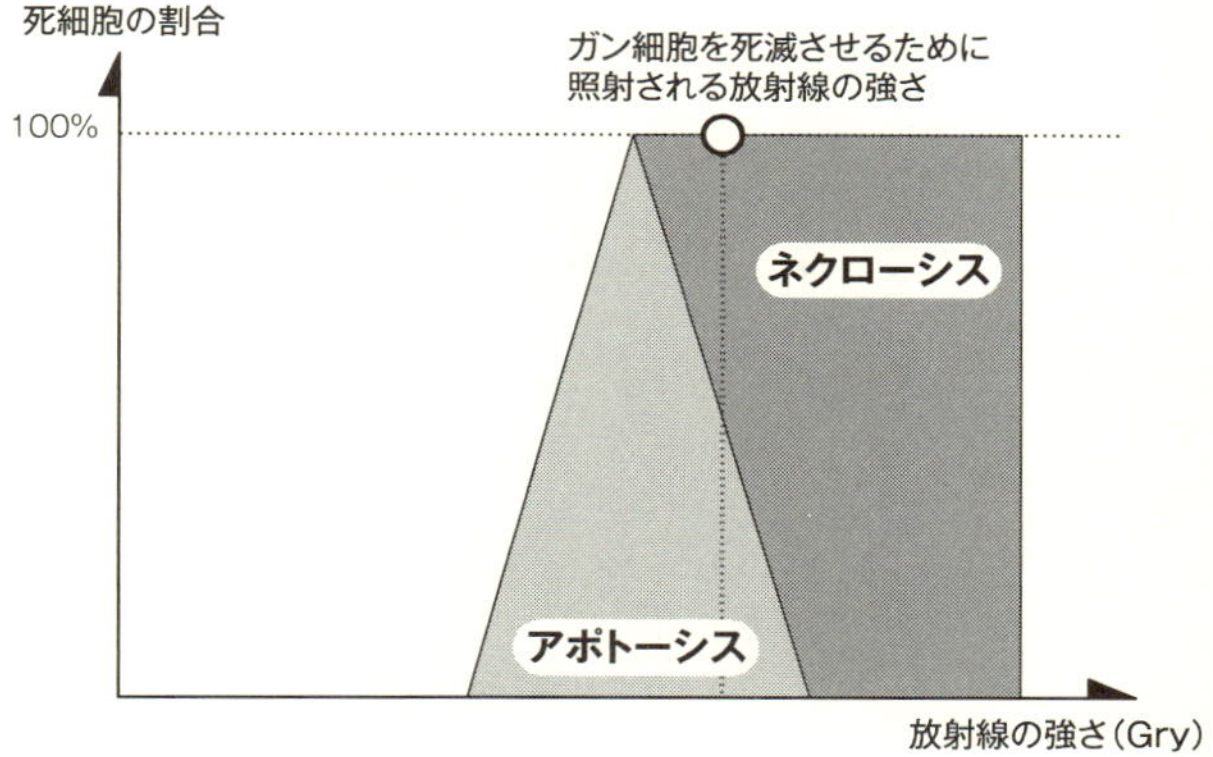

えていきます。ガン細胞をより確実に殺すためには、相当な割合のガン細胞がネクローシスを起こす強さの放射線を用いる必要があるのです。

困るのは、ネクローシスを起こしたガン細胞は細胞膜が破壊されるため、ＤＮＡが周囲に流れ出してしまうことです。ＤＮＡが流れ出すと、それを抗原とした自己抗体ができやすくなります。自己抗体は炎症反応などを引き起こし、場合によってはそれが原因で死に至ることもあるのです。これは放射線治療が持つ懸案点の一つと言えるでしょう。

ちなみにアポトーシスでは、ＤＮＡは規

則的に切断されて小さな袋に詰め込まれ、マクロファージなどによる貪食によって体内からきれいになくなるため、DNAが外に漏れ出すことはほとんどありません。アポトーシスはDNAを体内から安全に消去する機能を果たしていると言えます。

3つめは、抗ガン剤によってガン細胞の増殖を止め、殺すというアプローチです。

これまでに開発されている抗ガン剤は、シャーレでガン細胞を培養し、化合物や生薬を与えて、細胞が死ぬかどうかを評価するという方法で開発が行われていました。

ガン細胞を色素で染色すると、化合物などを振りかけて細胞が死ねば、色素が細胞内に留まって濃く染まるため、ガン細胞が死んだかどうかは目視で確認できます。ガン細胞を殺せる細胞毒性を持った化合物や生薬があれば、比較実験によって正常細胞があまり死なないものを探します。

そこにあるのは「ガン細胞が生きているか死んでいるか」という視点であり、「どのように死んでいるか」は無視されていたわけです。

こうして開発された抗ガン剤のなかには、そのメカニズムを調べてみると、ガン細胞にアポトーシスを引き起こすものも含まれています。ところがメカニズムの解明に伴い、これらの抗ガン剤が正常細胞に対して、ほぼ同程度にアポトーシスを引き起こしてしまうことも判明しているのです。正常細胞に対するこのような毒性は、個人差はあるものの、「毛髪が抜ける」「強い吐き気をもよおす」といった副作用を引き起こしてしまう場合が少なくありません。

4つめは、抗体医薬による治療です。これは乳ガン治療で実用化されているもので、乳ガン細胞の表面に出る特殊なタンパク質（HER2《ハーツー》）に対する抗体（ハーセプチン）を注射すると、乳ガン細胞にアポトーシスを起こさせることができます。ただし、すべての乳ガン細胞にHER2タンパク質が出ているわけではありません。事前に患者さんの乳ガン細胞の検査を行い、HER2タンパク質が強く出ている場合にのみ用いられる治療法です。

抗体医薬は安全性が高いというメリットがありますが、治療費が非常に高くなってしまうという問題があります。開発のために莫大な研究費がかかることはもちろん、実際に製剤化するとなれば、免疫細胞を培養するプラントなどの大がかりな設備を持たなければ供給できないことなどが理由です。

また、抗体医薬ですべてのガン細胞を死滅させるのは容易ではなく、抗体への耐性を持ったガン細胞が残ってしまう場合も少なくありません。

ガン細胞にアポトーシスを呼び戻す新薬開発の可能性

「死を忘れた細胞」に、本来持っている死ぬ力を呼び戻し、ガンを克服することができないか――このような発想から、現在、アポトーシスからガン治療薬にアプローチしようという研究が進んでいます。

細胞にプログラムされた死であるアポトーシスは、細胞が死のシグナルを受け取って、自ら死に、体内から除去されるまでの間に決まったプロセスを踏むことがわかっています。このプロセスを明確にし、ガン細胞においてどのステップがブロックされているかをピンポイントで解明することにより、そのブロックを解除する抗ガン剤開発につなげることが期待されているのです。

このような観点から抗ガン剤をつくることができれば、ターゲットとなるガン細胞をより確実に死に導くことができるはずですし、細胞毒性で強引にガン細胞を殺すのと比べ、副作用を軽減できる可能性も高いと考えられます。

残念ながら、いまのところアポトーシスの研究から誕生した新規の抗ガン剤はありません。しかし動物実験では、候補となる化合物がいくつか見つかっています。

私がセンター長を務めている東京理科大学薬学部ゲノム創薬研究センターでは、アポトーシス研究にもとづいた新しい抗ガン剤の開発を行っています。ガン細胞にアポトーシスを呼び戻すために具体的にどのようなアプローチで研究が行われているか、ゲノム創薬研究センターの取り組みから2つのケースを見てみましょう。

一つは、細胞が受け取った死のシグナルを細胞のなかに伝達し、死を実行するのに重要な役割を果たしている「カスパーゼ」というタンパク質分解酵素に着目したアプローチです。

ガン細胞では、ＩＡＰというタンパク質が多量につくられ、カスパーゼと結合してアポトーシスが抑制されることがわかっています。このＩＡＰの働きを阻害する化合物を見つけ出すことができれば、新規抗ガン剤の候補として期待できるのではないかと考えられるわけです。実際、見出された化合物をＩＡＰに結合させてその働きを止めたところ、カスパーゼが正常に働いて、ガン細胞がアポトーシスを起こすことが確かめられています。

２つめは、ガン細胞により積極的に死のシグナルを与え、アポトーシスを誘導するというアプローチです。

自分の異常を感知した細胞は、死のシグナルを受け取るために、細胞膜の表面に「デスレセプター」と呼ばれるアンテナのようなものを出します。一方、免疫細胞の一つである「細胞傷害性Ｔ細胞」は、デスレセプターを見つけると自身の細胞膜上に出ている「デスリガンド」を使ってそこに結合し、アポトーシスを起こすための死のシグナルを送り込むのです。

しかしガン細胞は塊をつくっているため、細胞傷害性Ｔ細胞がすべての細胞に近づくのは難しくなってしまいます。

そこでデスリガンドがデスレセプターと相互作用する重要な部位の構造をまねした化

図11　マウスに植え付けたガン細胞の増殖を抑えられた実験

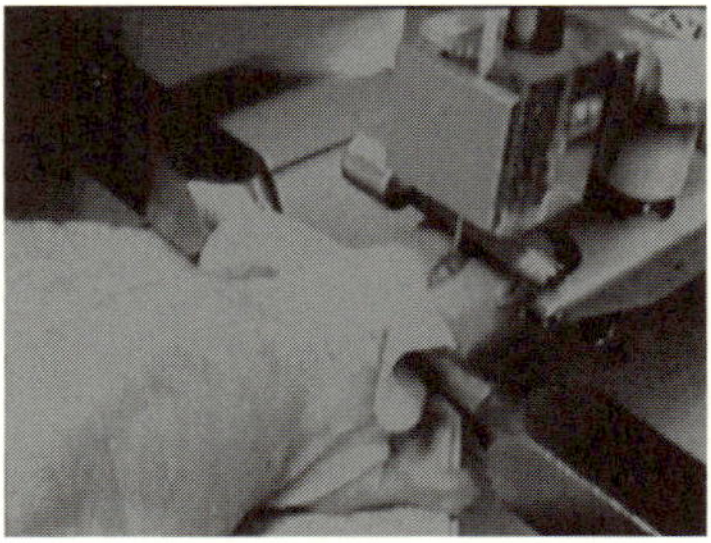

免疫系を持たないマウスに、人間の脳腫瘍のガン細胞を植え付け、一週間後に、開発した化合物を投与。30日後にガン細胞がどうなっているのかを観察した。

化合物を投与しなかったマウスの30日後の脳

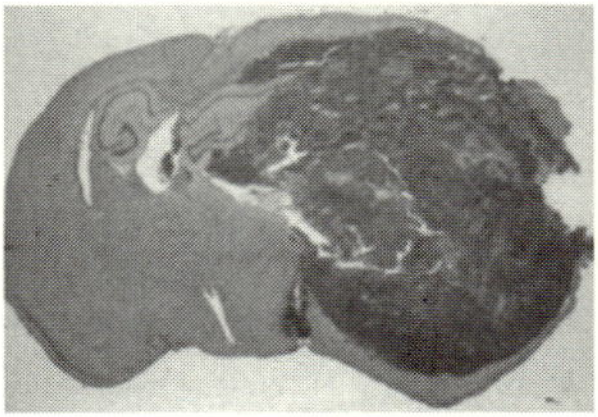

脳の半球にガン細胞が増殖！

化合物を投与したマウスの30日後の脳

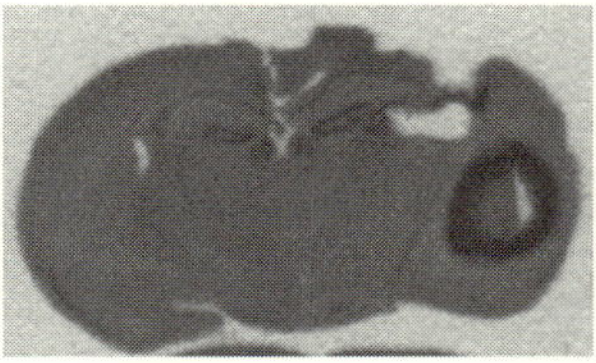

ガン細胞がアポトーシスを起こしてガンの増殖が抑えられている。

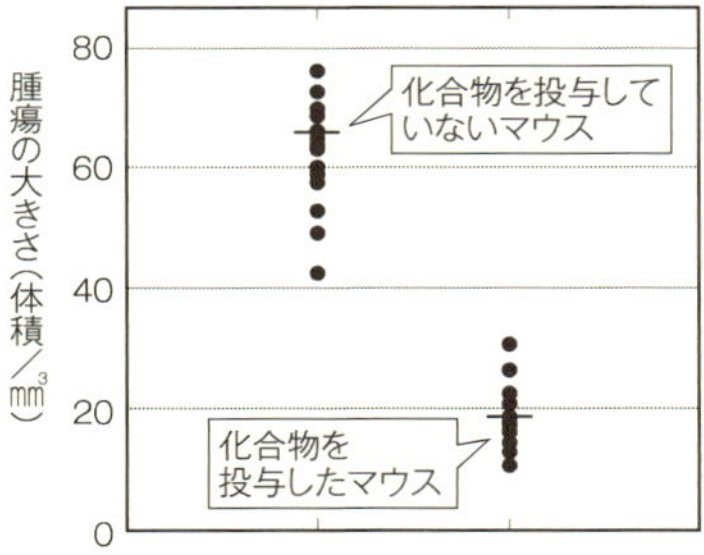

統計的にも有意差が認められた。

合物をつくり、それをガン細胞に投与すると、その化合物がデスレセプターに結合して、増殖している培養ガン細胞にアポトーシスを起こすことができました。実際、マウスに人間の脳腫瘍を植え付けて、一週間後に化合物を投与し、30日後の状態を比較したところ、化合物を投与したマウスではアポトーシスが誘導されて増殖を抑えることができたのです（図11参照）。

いずれもあくまで細胞実験や動物実験の段階にすぎず、抗ガン剤の開発に至るまでには越えなければならない幾多のハードルがあります。今後はこれらの化合物を端緒に、さらに最適化して新薬開発につなげることができればと考えています。

ガン幹細胞説という新たな難問

抗ガン剤開発に向けてアポトーシスからのアプローチという前向きな研究が行われている一方で、近年、ガンの治療には新たな難問があることもわかってきています。いわゆる、「ガン幹細胞説」です。

私たちの身体の臓器や組織を構成するすべての細胞には、大本となる幹細胞があります。幹細胞とは「さまざまな細胞に分化できる能力」と「万能性を持った自分自身の複製を行う能力」を併せ持った細胞のことで、細胞の供給源とも言うべき〝親玉〟です。

ガン幹細胞説では、ガンにも幹細胞があるとされています。つまり、ガンにも〝親玉〟がいて、〝子分〟のガン細胞を供給しているのではないかと考えられているわけです。

幹細胞は非常に強く、簡単に死ぬことはありません。皮膚の幹細胞を例にすると、人間の皮膚は表面から7層ほど下にシート状の幹細胞があります。それらが順番に分裂して〝子分〟である皮膚の細胞をつくり出しているわけですが、分裂寿命は約100年にも及ぶのです。いつかは死ぬにしても、なかなかアポトーシスを起こしにくい状態にあると言えます。

ガン幹細胞説から導かれるのは、ガンを完治するには〝子分〟のガン細胞にアポトーシスを起こさせるだけでは足りず、非常に強い〝親玉〟を殺さなければならないのではないかという結論です。そして、幹細胞にアポトーシスを起こさせることが非常に難しいであろうことは想像に難くありません。

抗ガン剤の開発には、ガン幹細胞がどのように生き延びているのか、そのメカニズムを解明してアポトーシスに導く手立てを探っていくことも必要になっていると言えます。

死に急ぐ神経細胞——アルツハイマー病

脳の神経細胞は胎児のときに増殖・分化して神経回路網をつくりますが、生まれた後は分裂能力を失い、何十年も生き続けて記憶や学習といった高度な機能を果たします。加齢とともに神経細胞は徐々に細胞死（アポビオーシス）を起こし、その数が減っていくのですが、これが異常なスピードで進行すると、さまざまな病気が発症することが知られています。

みなさんもよくご存じのアルツハイマー病は、記憶などの複雑な機能を担っている大脳の神経細胞の死が促進される病気です。この名前は、1906年にドイツ人の医師・アロイス・アルツハイマーが認知症で死亡した患者の脳を研究したことに由来しています。アルツハイマー病を発症する人は65歳以上で5～8％、75歳以上で15～20％、85歳以上では25～50％と年齢と共にその割合が増えており、高齢社会においては特にその予防や治療に大きな期待が寄せられている病気の一つです。

現在、アルツハイマー病の治療に用いられている薬は、脳内の神経細胞間のシグナル伝達に使われている神経伝達物質（アセチルコリン）を分解する酵素の阻害剤です。これはアセチルコリンの量が低下するのを抑えることによって進行を遅らせる対症療法でしかありません。認知症の進行を遅らせることはできますが、あくまでも改善薬であり、神経細胞死によって脳が委縮するという神経障害そのものを抑制できる薬ではないのです。

アルツハイマー病治療薬の開発が難しい一番の原因は、やはり神経細胞死のメカニズムが明確にはわからないということに尽きます。

実際にアルツハイマー病に罹患して死亡した人の脳を調べると、老人斑と呼ばれる沈着物が見て取れます。これはアミロイドという複数のタンパク質が集積されたもので、そのなかでもアミロイドベータと呼ばれるタンパク質が、アルツハイマー病に深く関わっているのではないかと言われています。

現在はっきりとわかっているのは、神経細胞の表面にあるAPPというタンパク質が、セクレターゼと呼ばれる酵素によって2カ所で切断され、その断片の一つがアミロイドベータとなることです。若年性アルツハイマーに罹患する方は、遺伝的にAPPが切れやすいこと、年齢と共にAPPを切断する酵素が増えることなども判明しています。

アルツハイマー病のメカニズムの説明として有力視されている説の一つは「アミロイドベータ仮説」と呼ばれるもので、この説ではアミロイドベータが神経細胞に死のシグナルを与えて神経細胞死を誘発しているのではないかと考えられています。しかし、アミロイドベータの蓄積がアルツハイマー病の原因なのか、それともアルツハイマー病に罹患した結果としてアミロイドベータが蓄積するのかは、いまだ議論があり、残念ながら原因は解明されてはいないのが現状です。

研究が進みにくい理由の一つは、実験に用いる神経細胞は集めにくく、培養も難しいことが挙げられます。動物実験の場合は一般にマウスの神経細胞を使いますが、神経細胞はガン細胞のようにシャーレで簡単に殖やせるものではなく、丁寧に扱わなければ、あっという間に死んでしまうのです。実験には必ず一定量以上の神経細胞が必要ですが、それを確保するための労力は、ガンの研究とは比較になりません。

神経細胞の死を抑制する医薬品開発の試み

神経細胞が死んでいく病気は、一度罹患すると治療してもとに戻すのは非常に難しいと言えます。

脳の中枢の神経細胞は非再生系の細胞であり、死んでしまうと、そう簡単には補給できません。

わずかにある神経幹細胞から増殖・分化できた場合にも、神経細胞は回路を形成して機能しているため、その回路を修復するのは困難です。末梢神経であればリハビリによって徐々に回路が回復するのですが、脳の中枢神経は一つの神経細胞に数万の回路が走っており、その回路網が非常に複雑だからです。

少なくともいまの時点では、一度壊れてしまった中枢神経の回路網を再構築することは容易にはできないと言っていいでしょう。

しかしもちろん、打てる手がまったくないわけではありません。どのようにして神経細胞死が異常に促進されているのか、そのメカニズムを解明して神経細胞死を抑制する医薬品を開発することができれば、病気の進行を食い止めることは可能です。

つまり、アルツハイマー病の薬を開発するには、アポビオーシスのプログラムに注目することが重要なのです。

APPが切断されなければ、神経細胞にアポビオーシスを誘発する死のシグナルは発生しません。このため、近年はAPPを切断する酵素の阻害剤を開発するというアプローチで、世界中で研究が進められています。

もちろん、アポビオーシスのプロセスを解明し抑制するという観点から考えれば、アプローチの仕方はほかにもあります。

ゲノム創薬研究センターのアプローチの一つを例にすると、私たちは、切断されたAPPのうちアミロイドベータとは別の部分が、神経細胞のなかに入り込んで死のシグナルを発しているのではないかと考えています。つまり、アミロイドベータ仮説とはまた別の仮説を立てているわけです。

このように考えるのは、実験で神経細胞にアミロイドベータを与えても、アポビオーシスはなかなか誘発されないからです。アミロイドベータが直接死のシグナルを発しているのでないならば、別に死のシグナルを発生させているタンパク質があると考えられます。

もし私たちの仮説が正しく、死のシグナルを止める化合物を見つけ出せれば、治療薬の候補とすることができるのではないかと思っています。

アルツハイマー病の治療薬は持続的に服用する必要があるため、副作用が少ないことも要求されます。たとえ効果が認められる化合物を発見できても、実際に新薬が誕生するまでの間には数々の非常に高いハードルがあると言えるでしょう。

しかし現在では、世界中にある多くの研究機関や製薬会社でも、神経細胞死のメカニズムを突き止め、それを食い止めることによって根治できる新薬の開発が精力的に進められています。

死をもたらす感染免疫細胞——AIDS

ＡＩＤＳは、ＨＩＶウイルスが免疫系を成す細胞に感染して引き起こされる病気です。より具体的には、ＨＩＶウイルスはリンパ球の一種であるヘルパーＴ細胞に感染します。

健康な人の場合、1マイクロリットルの血液のなかには、およそ1000個のヘルパーＴ細胞が存在していますが、ＡＩＤＳの患者さんはそれが数百個にまで減少していいます。このヘルパーＴ細胞の異常減少によって、免疫システムが正常に働かなくなり、さまざまな感染症にかかってしまうのです。

2009年のＷＨＯ（世界保健機関）の発表では、世界でおよそ3300万人がＨＩＶに感染しており、年間約200万人の方がＡＩＤＳによって死亡しています。新規感染者の数は減少傾向を示しているものの、早期の治療薬開発が待たれる病気であることには変わりありません。

かつて、AIDSはHIVウイルスに感染したヘルパーT細胞が死滅する病気だと考えられていました。

しかし現在では、HIVに感染したほうのリンパ球のうち、HIVウイルスが入り込んでいるものは0・01〜0・1%であることがわかっています。言い換えれば、HIVウイルスに感染しているリンパ球は、1000〜1万個に一つということなのです。

では、HIVウイルスに感染していないヘルパーT細胞まで死滅してしまうのはなぜでしょうか。これは現在のところ、HIVウイルスに感染した細胞がリンパ節などに留まり、そこを流れて近づいてくる正常なヘルパーT細胞に死のシグナルを与えて、アポトーシスを起こしてしまうためだと考えられています。

HIVウイルスの大きな問題は、感染したヘルパーT細胞とHIVウイルスが共存することです。同じウイルスでも、インフルエンザウイルスは感染した細胞と共存できないため、一週間ほどでアポトーシスを起こして感染細胞と共に身体から排除されます。ところが、HIVウイルスは感染した細胞を殺さず、身体のなかに留まり続けるのです。

HIVウイルスに感染した細胞がどのようにして死を回避しているのか、その仕組みは明らかになっていませんが、おそらくHIVウイルスがアポトーシスをブロックするタンパク質を作り出しているのではないかと推測されています。

つまりAIDSとは、「アポトーシスを忘れた」HIVウイルス感染細胞が正常なヘルパーT細胞に死のシグナルを送り続け、「アポトーシスを異常に促進する」病気であるととらえることができます。一つの病気において、「死ぬべき細胞が死なない」「死んではならない細胞が死んでしまう」という2つの問題を抱えているわけです。

AIDS治療薬開発の2つのアプローチ

アポトーシスの観点からAIDSの治療薬開発について考えると、2つの問題に対して、それぞれアプローチ方法を検討することができます。

一つは、HIVウイルスに感染している細胞にアポトーシスを呼び戻し、死滅させようという考え方です。AIDSのメカニズムから見た場合、これが可能であれば根治できることになりますが、実際にできるのかといえば相当に困難であることは否めません。まずはどのようにアポトーシスが回避されているのか、そのメカニズムの解明を待たねばなりません。

より現実的に考えれば、先に目指すべきは、正常なヘルパーT細胞を異常なアポトーシスから守り、免疫システムを維持するアプローチであると言えるでしょう。これが実現すれば、根治はできないまでも、重篤《じゅうとく》な免疫不全は抑制できるはずです。

そのためには、やはりまずHIVウイルス感染細胞が正常細胞にアポトーシスを誘発するメカニズムの詳細な解明が重要な鍵となります。

HIVウイルスは、感染の危険性を回避するという観点から、特別な設備がなければ取り扱えないという事情があります。治療薬の研究は設備的にも容易ではなく、新薬開発には相当の苦労を要することでしょう。

もっとも、AIDS治療の現場では効果の高い対症療法が行われるようになっており、昔に比べて患者の死亡率は顕著に低下しています。

その一つが、ハート療法と呼ばれる治療法です。これは多数の製剤（阻害剤）を組み合わせ、HIVウイルスの増殖を多面的に抑えることによって、AIDSの発症を防ぐ対症療法。別名「カクテル療法」とも呼ばれ、HIVウイルスの増殖に必要なウイルス特有の逆転写酵素やプロテアーゼの阻害剤を、患者各々の症状・体質に合わせて組み合わせ（カクテルし）、投与します。多数の製剤を組み合わせるのは、一種類の薬剤による治療法では薬剤耐性ウイルスが出現したり、重篤な副作用により治療を途中で止めざるを得ない状況が起こったりする可能性が高いからです。ハート療法により、AIDSによる死亡率が大きく低下しただけでなく、患者の予後も良好になっています。

AIDSに対しての治療法として現在残されている最も大きな課題は、体内に潜んでいるHIVウイルスを排除する根治療法の開発であり、前述したように、アポトーシスの観点からの研究に期待が集まっているのです。

ストレスで死ぬ膵臓細胞——糖尿病

WHOの疫学調査によると、2010年中には全世界の糖尿病患者数が2億5000万人を超えると推測されており、日本では糖尿病が強く疑われる人は1000万人を超えようとしています。糖尿病はまさに「現代の流行病」とも言える病気ですが、近年、その発症にもアポトーシスが深く関わることがわかってきています。

糖尿病について理解するために、まず健康な人が食事を摂ったときに、身体のなかで起こる反応を見てみましょう。

食事を摂ると血液中のグルコース（ブドウ糖）が増加し、それに応じて膵臓のランゲルハンス島にある「β細胞」でインスリンがつくられます。分泌されたインスリンは血液中を流れて筋肉や肝臓、脂肪組織に届き、細胞表面にあるインスリン受容体と結合して、血中のグルコースを細胞内に取り込むように働きます。こうして細胞内に入ったグルコースが、エネルギーをつくり出したり、グリコーゲンとして蓄積されたりするのです。そして血中のグルコース濃度が低下すると、β細胞はインスリンの生産・分泌を停止します。

こうした身体の仕組みからわかるように、インスリンが不足したり反応性が低下したりすると、血中のグルコースが細胞に取り込まれにくくなります。グルコース濃度をコントロールすることができなくなり、俗に言う「血糖値」が高い状態が続くと、「あなたは糖尿病ですよ」と診断されるわけです。

糖尿病は、さまざまな合併症を引き起こします。神経障害が起きて手足がしびれたり、網膜の血管が異常をきたして、視力低下や失明といった事態をまねいたりすることもあります。糖尿病が原因で腎臓を壊し、人工透析が必要となる患者さんも少なくありません。

糖尿病には「1型」と呼ばれるものと、「2型」と呼ばれるものがあります。

1型糖尿病は、インスリンをつくって分泌するβ細胞が、自己免疫的な攻撃を受けることなどによって破壊され、発症します。いわゆる生活習慣病ではなく、糖尿病に占める1型の患者さんの割合は多くありません。

一方、2型糖尿病は、運動不足や食べすぎなどの生活習慣の変化が主な要因となって引き起こされるもので、糖尿病と診断される患者さんのほとんどは2型です。2型糖尿

図12 食事の後にインスリンが出る仕組み

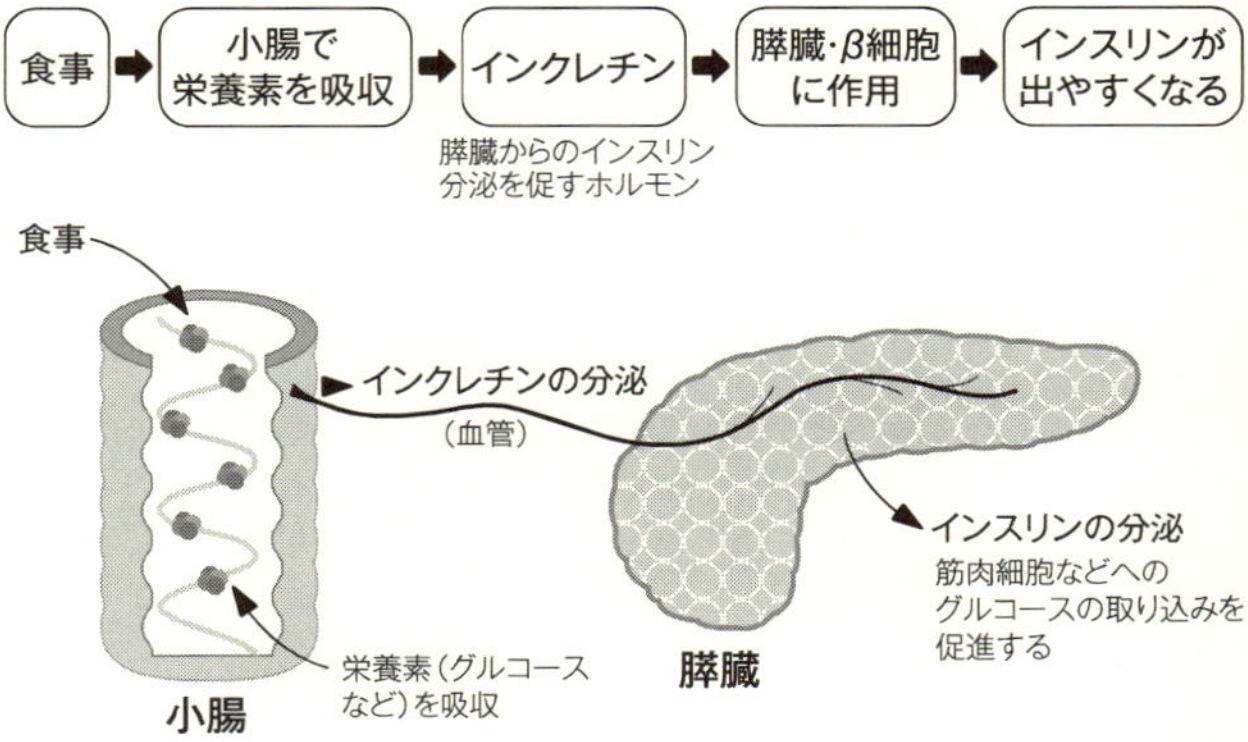

病は高度に都市化された地域での発症が目立つほか、中国やインドなどの新興国でも顕著な増加傾向が見られています。

2型糖尿病の治療法としては、インスリンそのものを投与する補充療法のほか、膵臓のβ細胞に作用してインスリンの分泌を高める薬や、インスリン抵抗性を改善する薬などを用いた薬物治療が行われています。

つい最近、「DPP-4阻害剤」という新薬が開発されましたが、この薬の作用メカニズムは、食事をすると腸管から分泌されて膵臓に運ばれ、β細胞に作用してインスリンの分泌を促すホルモン(インクレチン)の分解を阻害することによって、インスリンの分泌量を高めるというものです（図12参照）。

しかし、いずれの薬も副作用などの問題があり、糖尿病を根治できるまでには至っていません。

糖尿病は市場が大きいので、国内外の製薬会社間で、熾烈な新薬開発競争が行われています。

最近では、糖尿病モデル動物を使った実験結果から、2型糖尿病はβ細胞が慢性的なストレスを受けてアポトーシスを起こし、β細胞の数が減少することが重要な発症原因であると考えられています。

2型糖尿病の多くは、まず筋肉や脂肪組織などの末梢組織でインスリンに対する反応性が低下することによって始まります。β細胞がインスリンをつくっても、反応性の低下によって血中のグルコースをきちんと細胞内に取り込めなければ、β細胞はさらにインスリンをつくろうとします。このような負担（ストレス）によってβ細胞が疲弊し、過剰なアポトーシスを起こすと、インスリンが十分につくれなくなってしまうわけです。

慢性的なストレスからβ細胞がアポトーシスを起こす際、引きがねになると考えられているものの一つが、血液中にあるアルブミンというタンパク質がグルコースと結合してできる「糖化アルブミン」です。そのほかに、「HbA1c（ヘモグロビンA1c）」も引きがねとして考えられていますが、これは赤血球のなかで酸素を運搬しているヘモグロビンとグルコースが結合して生成される物質です。

これらの糖化タンパク質は、血中グルコース濃度が高い状態で多く生成されるのですが、最近の研究では、この状態が長く続くと、その刺激によってβ細胞が慢性炎症を起こし、アポトーシスを惹起するのではないかと推測されています。

このような研究の進展から、今後はβ細胞のアポトーシスを未然に防ぎ、保護するというアプローチで、まったく新しい糖尿病治療薬が開発される可能性もありそうです。

ちなみにHbA1cは、糖尿病の診察において、血糖コントロールがうまくできているかどうかを調べる際の指標として、現在よく使われるようになっています。

糖尿病にかかっている方は、定期的に病院に行き、食事療法や運動療法などによって血糖をきちんとコントロールできているかどうかを調べていることでしょう。検査には血糖値が指標として用いられることがありますが、血糖値は検査の直前だけカロリー制限すれば、低下させることができます。普段なかなか血糖コントロールができない患者さんのなかには、医師から厳しく指導されるのが嫌で、検査前だけ摂取カロリーを抑える方もいるようです。

しかしHbA1cは赤血球の寿命である約3カ月の間に徐々に生成されることから、HbA1cを測定すれば、過去1〜3カ月ほどの間の血糖コントロールの結果がはっきりとわかります。いくら検査直前にカロリー制限を行っても、医師をだますことはできないのです。

糖尿病の患者さんは、継続的な日々の血糖コントロールが大切であること、それが自分自身のためであることを、心に留めておきましょう。

第5章 ゲノム創薬最前線

これまでの医薬品開発の課題

私はアポトーシスの研究、特にガンとアルツハイマー病のメカニズムの研究と並行して、ゲノム創薬研究センターで新しい治療薬の開発に取り組んでいます。「ゲノム創薬」とは従来の医薬品開発とどこが異なるのか、そして未来の医薬品開発にどのような可能性をもたらすものなのか——。本章では、「死を追う科学」の現場最前線でいま、何が行われているのかを説明したいと思います。

ゲノム創薬の話のまえに、まず従来の医薬品開発がどのように行われてきたかを見ておきましょう（図13参照）。

医薬品のベースとなる公知の化合物は、入手可能なものでおよそ500万種類に及びます。医薬品開発は、この500万種類の化合物から、ある病気の原因となっているタンパク質に対して活性があるものを探すところから始まります。「活性がある」とは、わかりやすく言えば「原因となるタンパク質に結合し、その働きを阻害したり、活性化

図13 医薬品が開発されるまで

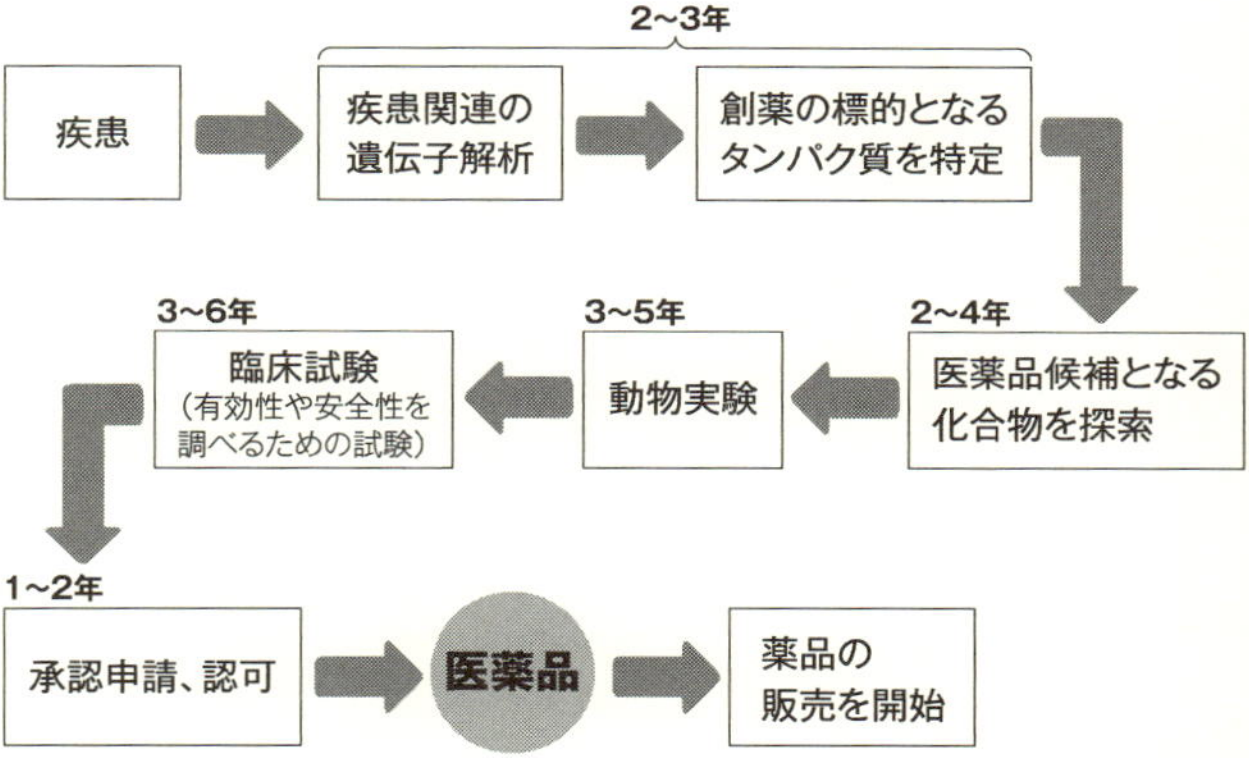

したりする」ということです。

活性を示す化合物が見つかったとしても、それがそのまま医薬品になるわけではありません。

製薬会社では、その化合物をもとにし、誘導体をいくつも化学合成することによって、活性の強い新たな化合物を探し出していきます。それが見つかると、薬効（薬の効き目）を動物実験で調べて、よい結果が得られれば、その有効性を患者で検討したり、健康な人間に投与して副作用の有無を調べる段階に進みます。ここでは、実際に病気にかかっている患者さんを2つのグループに分け、一方には開発中の薬を、もう一方には偽薬を服用してもらって、統計的な処理によって薬効を比較して調べるのです。

このような臨床試験を3〜6年かけて行います。こうしたさまざまな検証を経て、医療現場で実際に使用される飲み薬や注射剤などへの製剤化も行い、厚生労働省の承認を得て初めて新薬が誕生します。

もちろんこの間、致命的な副作用が見つかったり、思ったより効果が見られなかったりすれば、医薬品開発はそこでストップせざるを得ません。長い時間をかけて莫大な研究費を投入した期待の化合物であっても、途中ですべてが水泡に帰してしまうことは珍しくないのです。

このように医薬品開発は大変な困難を伴うものなのですが、大きな課題の一つは、そもそも最初の候補となる化合物を見つけるのに時間がかかることです。

現在、500万種類もの化合物のなかから候補となるものを見つけるのは、主に実験によっています。ターゲットとなるタンパク質を試験管やシャーレに入れ、一つひとつの化合物を加えて、病気に効きそうかどうかを試していく「薬効評価」を行うわけです。

ある製薬会社が所有している化合物が、たとえば50万種類あったとして、そのすべての化合物を総当たりすると、どれくらいの時間が必要でしょうか。仮に一年間で10万種類の実験ができたとしても、5年かかる計算になってしまいます。それが500万種類となると、50年もかかってしまうことになります。もちろん一万種類試したところで「これはいけそうだ」という化合物が見つかる可能性もありますが、これは言ってしまえば確率の問題であり、「候補化合物が見つかれば幸運だ」というのが現状なのです。

候補化合物はヒット化合物とも言われ、それが見つかる確率は約3万分の1なのです。

従来の薬効評価は人の手で行われていましたが、最近では「ハイスループットスクリーニング」と呼ばれるシステムによって機械化し、スピードアップを図っています。しかし機械化された薬効評価では、スピードを上げるとどうしても評価の精度が落ちるため、高い精度を求めるのであれば、結局スピードを落とさざるを得ないという〝板挟み〟になってしまうことも多いようです。もちろん、どんなに機械化でスピードを上げても、「試して探す」という方法が確率論的であることには変わりありません。

さらに、その先にある動物実験や人間での臨床試験で、予期せぬ副作用が発生することもあるため、一つの医薬品が開発されるのに、約11〜20年がかかることになってしまいます。また、そのコストは約200億〜500億円にもなるのです。

医薬品開発の方向性を逆転させるゲノム創薬

従来の医薬品開発は、化合物や生薬などを実験的に効果があるかどうか試し、効くとなった場合に、そのメカニズムが確かめられるという方向で進められてきました。「この化合物で効果が見られるのは、病気の原因となるAというタンパク質に結合して、その働きを阻害していたからだ」「タンパク質Aは、異常をきたした遺伝子aがつくり出していた」というように、「なぜ、どのようにして効果が出るか」「病気のメカニズムがどうなっているか」は後から検証されるものだったわけです。

しかし、病気の原因となっているタンパク質Aの構造を突き止め、その構造の〝鍵穴〟にあった〝鍵〟となる化合物をコンピュータ・シミュレーション技術を活用して設計すれば、タンパク質Aと結合して、その機能を阻害する薬はつくれるはずなのです。

現在ではタンパク質Aの構造は、それ自身の構造解析データがなくても、それをつくり出している遺伝子aの情報から、ある程度構築することが可能になってきています。

たとえばあるガンについて、アポトーシスの正常なプロセスをブロックするタンパク質が、どの遺伝子からつくり出されているのかが研究で明らかになっていれば、その遺伝子の解析によってタンパク質の構造情報を得ることができます。

その構造情報をもとに、タンパク質にうまく結合して、その働きを阻害する化合物が設計できれば、医薬品開発は確率論的な化合物探しから解放されて、決定論的に新薬を創出できる——これがゲノム創薬の基本的な考え方です。ゲノム創薬は、従来の医薬品開発とはまったく逆方向からのアプローチであると言えます（図14参照）。

もちろん、活性のある化合物を見つけることができても、その後の臨床試験などの開発過程で時間と労力がかかることに変わりはありません。しかし、最初のハードルをゲノム創薬によって越えることができれば、新薬開発の効率を大幅に上げることができるでしょう。

図14　従来型の創薬とゲノム創薬の違い

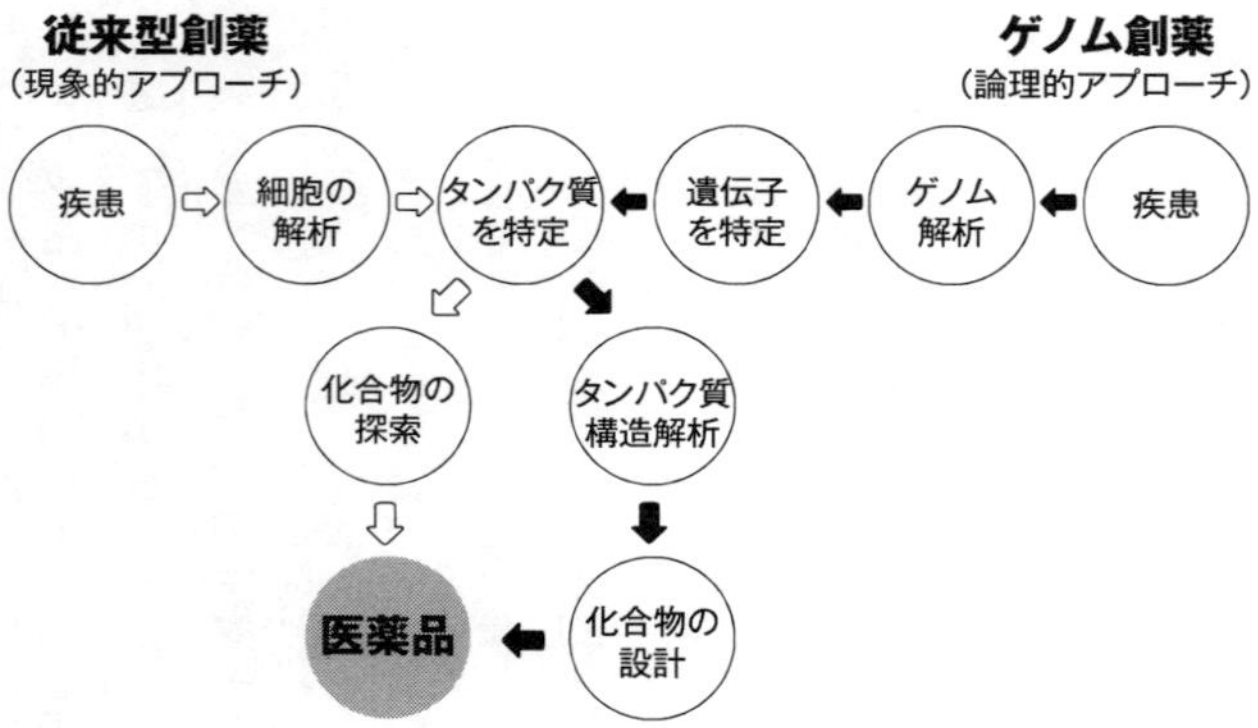

製薬会社にとって、〝次の10年の収益の源泉〟となる新たな医薬品は、持続的に次なる新薬開発に挑めるかどうかを左右するという意味で大変重要です。その大本となる化合物の発見が、従来は「とにかく頑張って探す」という運・不運に頼った方法で行われていたわけですから、このステップを短時間でクリアできるようになるメリットは大きいはずです。

そして何より、医薬品開発のスピードが上がって、新薬が少しでも早く誕生すれば、それによって将来の患者さんたちをより多く救うことができるのです。このことを思えば、ゲノム創薬への取り組みが非常に重要であることは言うまでもありません。

同じガンでも原因遺伝子が同じとは限らない

ゲノム創薬には、開発のスピードが上がることだけでなく、従来よりもきめ細かな医薬品の開発が可能になるというメリットも挙げられます。

たとえばひとくちに「大腸ガン」と言っても、Aさん、Bさん、Cさんと3人の患者さんがいた場合、原因となっている遺伝子はそれぞれ異なっている可能性があります。原因遺伝子が少しでも異なれば、その遺伝子からつくり出されるタンパク質の構造も異なったものとなりますから、それぞれを的確に阻害する薬は当然違うものになるはずなのです。

従来は詳細な病気のメカニズムに立脚することなく薬が開発されてきたため、治療の現場でも「大腸ガンであれば、すべてこの抗ガン剤」というように、Aさん、Bさん、Cさんに同じ薬を投与せざるを得ない状況にあります。「Aさんには効いたが、残念ながらBさんとCさんには効果がなかった」……ということが起きるのはこのためです。

少し話が横道にそれますが、抗ガン剤を投与する前に「Aさんのガンに効果があるかどうか」を調べることは技術的には可能です。薬効試験を行うのと同様に、Aさんのガン細胞を採取して培養し、抗ガン剤を与えて、ガン細胞がどれくらい死ぬかを試せばよいのです。

抗ガン剤は、毛髪が抜けたり食欲が落ちたりといった強い副作用が出ることが少なくありません。投与してどれくらいの効果が期待できるかが事前にわかれば、患者さんが抗ガン剤治療を行うかどうか、自分で判断するための助けとなるはずです。

しかし残念ながら、こうしたテスト方法は医師にとって身近なものではなく、その手法を身につける機会も時間もありません。

先に紹介した薬効試験の機械化は、このような問題を解決する糸口となる可能性があります。私は実際に医療機器メーカーと協力し、抗ガン剤の効果を測定するシステムの試作までこぎつけたのですが、医療現場への導入には種々のハードルがあり、いまだに実用化には至っていません。率直に言えば、大変、歯がゆい思いです。

積極的にガンを治療することが必要なのは当然ですが、一方で、ガン患者さんが不要な苦しみを味わわずにすむのであれば、そのためにも科学技術が活用されなければならないと思います。

話をもとに戻すと、もしAさん、Bさん、Cさんのガンについて個別に原因遺伝子と、そこからつくり出されるタンパク質の構造が突き止められれば、それぞれの働きを阻害する薬をつくることができます。つまり理論的には、Aさん、Bさん、Cさんに、より適正な治療を行える可能性があると言えるのです。

このような発想を推し進めると、「テーラーメイド創薬」「個別化医療」などと呼ばれる考え方にたどり着きます。

「テーラーメイド創薬」とは、患者個人の遺伝子を調べて、問題となるタンパク質の構造を解析し、そのタンパク質の働きを阻害する薬を個別に設計することによって、一人ひとりにぴったり合った医薬品がつくれるはずだという考えです。

もっとも「テーラーメイド創薬」には、現実として個人個人の異常遺伝子に対応した薬が、どこまで開発可能かという問題があります。コンピュータ上で緻密な設計が行えるようになったとしても、実際に人間の身体に投与した際に看過できない副作用が起こる可能性もありますから、安全性を検証する過程は必要です。検証に長い時間がかかった場合、残念ながら病気の進行は薬ができあがるのを待ってはくれません。

また、医薬品は一つ開発するのにも100億円以上の莫大な費用がかかることもネックと言えるでしょう。

とはいえ、ゲノム創薬では「遺伝子aを原因とするガンに効果のある化合物を設計し、医薬品をつくる」というように、明確にターゲットを定めて開発を行うことができるのです。従来よりスピーディーに薬の開発を行えれば、原因遺伝子の違いに着目して、積極的にバリエーションを増やしていくことも可能でしょう。つまり、最初はテーラーメイドで服をつくるしかないとしても、たくさんの選択肢が用意できれば、既製服で「身体に合う服」を見つけられる可能性は高まる、ということです。

また、肝臓ガンや大腸ガンなど発生する部位が異なるガンであっても、アポトーシスをブロックしているタンパク質の構造に共通性が見られることがあります。

つまり、一種類の薬が、さまざまなガンに対して一定の効果を発揮することもあるわけです。逆に言えば、タンパク質の構造情報に基づいて設計を行うことによって、より多くのガンに対応する薬を開発できる可能性が高くなると考えられるのです。

コンピュータによる医薬品設計

タンパク質の構造情報から化合物を設計するには、コンピュータ・シミュレーション技術を用います。

タンパク質は身体のなかで固まって存在しているわけではなく、その形は常に揺らいでいます。化合物を設計するには、まずタンパク質のある時点での結晶構造を取得して解析し、その構造をベースに、分子動力学を用いて、タンパク質がどのように動くかをコンピュータでシミュレーションする必要があるのです。

図15の上の図は、慢性骨髄性白血病の原因となる特殊なフィラデルフィア染色体からできたタンパク質の構造をわかりやすくリボン表示したものです。この種の白血病の患者さんは、このタンパク質が白血球のアポトーシスを抑制してしまうために、白血球の

異常増殖が起こってしまっています。

タンパク質の構造を表示する方法は、一つではありません。図15の下の図は、同じタンパク質を塊としてイメージし、表面の状態がわかるように表示したものです。

それぞれの図の中央部に示したのは、この白血病の治療に使われているグリベック(イマチニブ)という薬の構造式を3Dで表したもの。このイマチニブがタンパク質の〝鍵穴〟に結合し、機能を阻害することによって、ガン化した白血球がアポトーシスを起こすよう促すわけです。

ほかにも、タンパク質を成すアミノ酸一つひとつの形を描く表示方法などがあります。

こういったさまざまな表示方法を用いながら、病気の原因となっているタンパク質の構造を解析し、〝鍵穴〟となる部分にどのような化合物がはまるかをシミュレーションしていきます。常に形が揺らいでいるタンパク質の変化を予測して、シミュレーションを重ねることで、500万種類の化合物から、活性を示す可能性が高い候補化合物を確度高く絞り込むことが可能となるのです。

そして、さらに化合物の構造と活性の相関解析から、〝鍵穴〟にうまく結合する最適

図15　白血病の原因タンパク質の構造と治療薬の結合様式

リボン表示したタンパク質構造

表面表示したタンパク質構造

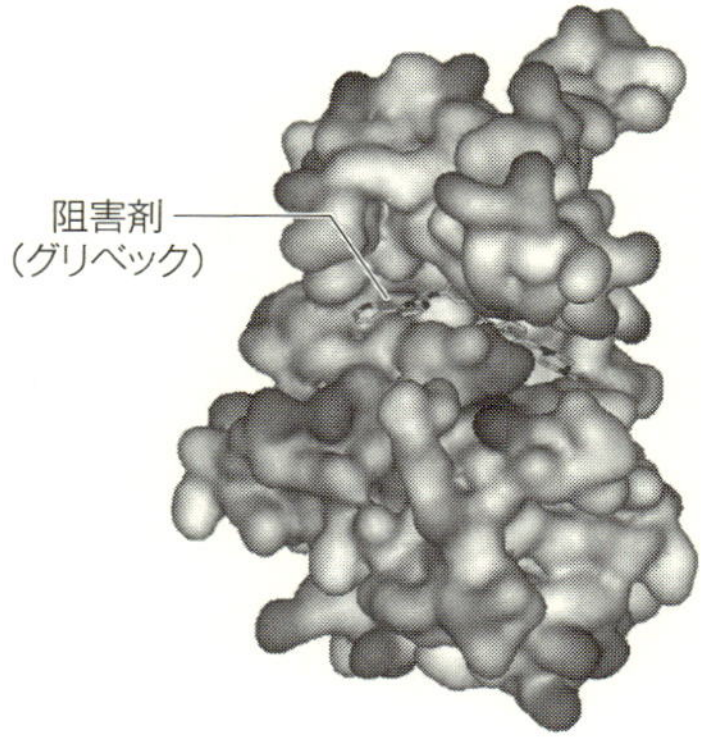

な化合物の構造を設計していくわけです。

このような絞り込みや設計を行うソフトウエアは以前から開発されており、なかには市販されているものもあります。

しかし残念ながら、これらの既存のソフトウエアでは、上位1000種類に挙がった候補化合物が、活性を示す確率はほんの数%にすぎませんでした。このため、医薬品開発の現場には「コンピュータで薬を設計するのは難しいのではないか」という悲観的な見方が根深くあります。

ゲノム創薬研究センターで開発したソフトウエアでは、現在、上位1000種類の候補から、活性のある化合物が見つかる確率をほぼ50%にまで高めています。まだまだ改善の余地はありますが、現時点で実用に耐えるレベルに到達しているのではないかと考えていますし、実際に複数のタンパク質をターゲットにした製薬メーカーと共同のプロジェクトもスタートさせています。

プロジェクトでは、ゲノム創薬研究センターで独自のコンピュータ・シミュレーションによる構造設計を行い、候補となる化合物のリストを作成します。そのリストをもとに製薬メーカー側で実際に化合物の化合物合成と活性評価を行い、それらの実測値データをフィードバックしてもらい、さらに最適な構造に詰めていく——というプロセスで進めているところです。

こうした試みはまだほとんど前例がなく、いましばらくの時間は必要です。しかし、数年以内には新薬開発の端緒となるような重要な化合物を創出できるのではないか、という手応えを感じています。

コンピュータソフトウエアによる標的タンパク質の構造解析にもとづいた創薬は、従来であればおよそ不可能と思われるような化合物の設計を現実のものとできる可能性を秘めています。

たとえば、あるガンで2つのタンパク質がアポトーシス抑制の原因となっており、両方の働きを阻害する必要がある場合、それを可能にする化合物は、2つのタンパク質にうまく結合するものである必要があります。

現状の「総当たり制」では、一つのタンパク質の働きを阻害する化合物を見つけるのでさえ四苦八苦しています。このうえ、同時に2つのタンパク質に活性を示すものを探し出そうとすれば、大変な困難を伴うことは想像に難くありません。

しかし、理論的な計算にもとづいて2つのタンパク質の〝鍵穴〟の構造を分析・比較すれば、その類似性を解明することも可能となります。ゲノム創薬であれば、2つのタンパク質の両方にうまく結合する化合物をつくり出すことができるかもしれないのです。

ゲノム創薬が海外に遅れをとっている理由

日本においては、やっと実用化に向けて一条の光が見えてきたゲノム創薬ですが、欧米の製薬会社などでは、より研究が進んでいるようです。

もっとも、医薬品開発は「早く物質特許を取得したもの勝ち」であり、競争が熾烈なため、簡単に〝手の内〟を明かすことはありません。実際のところ、欧米でどの程度まで研究が進んでいるのか、詳細は不明です。

しかし、日本と欧米で明確に異なる点があるのは確かです。それは、「複数の分野を横断的に学び、病気の基礎研究から医薬品への応用展開へと〝橋渡し〟を行える人材がいるかどうか」です。

ゲノム創薬を実現するには、まず病気のメカニズムを解明する生物学とタンパク質や化合物に関する物理・化学の知識の両方が必要であり、さらにコンピュータ・シミュレーションに関する情報工学が不可欠です。これらを横断的に理解して初めてスタートラインに立てるわけですから、ハードルは非常に高いと言えます。

日本では、これらの分野をすべて網羅して、ソフトウエア開発に取り組める研究機関は、まだ少ないのが現状です。また、基礎研究と応用展開の接続——つまり大学と製薬会社の連携も、まだ日本では活発とは言えません。

これは、そもそも日本の教育システムでは「生物は学んだけれど、物理や化学は得意ではない」「情報工学には詳しいが、生物のことはまったくわからない」というように、大学や大学院で専攻した分野以外の専門性を持たないのが一般的であることが一因と思われます。どれだけ優秀な専門家が集まったとしても、相互の分野に対する基礎的な知識がなければ、話がなかなか噛み合わないのも無理はありません。

一方、アメリカでは生物、物理、化学、情報工学を横断的に学ぶことは珍しくありません。実際、複数の分野で研鑽《けんさん》を積み、製薬会社で研究者として活躍する人も少なくないのです。

従来のように「見つかれば幸運」というスタンスで臨む医薬品開発には、「見つからなければ、製薬メーカーも新薬を待つ患者さんも不幸になってしまう」という危うさがあります。このような状況に鑑みれば、国内でも積極的にゲノム創薬を推し進めていく必要があることは自明なのではないでしょうか。

何よりもまず求められるのは、基礎的な病気のメカニズムを解明する研究と新薬開発の研究とを橋渡しできる、中間的な研究施設を充実させることです。

また、長期的な視野に立ち、大学や大学院でゲノム創薬に必要な各分野を横断的に研究できるよう、教育システムを構築することも急がねばならないと思います。

日本では、「まだ成功例がない」という理由から、ゲノム創薬を後押しする機運は、あまり高まっていないように感じます。コンピュータ・シミュレーションによる化合物の設計が、どの程度の実用性を持つに至っているのか、横断的な知識を持って評価できる公的機関もありません。

しかし医薬品開発の現状を打破するためには、ただ「次の幸運な発見」を待つのではなく、大学や企業の英知を結集して、ゲノム創薬への挑戦を続けていくことが必要なのです。

ゲノム創薬への理解を進め、その機運を高めるためにも、私自身、まずはいま製薬メーカーと取り組んでいるプロジェクトで、何らかの目に見える成果を出したいと思っています。

第6章 「死の科学」が教えてくれること

「細胞の死」はいつ生まれたか

「生物はいつか死ぬ」ということは、みなさんには当たり前のことのように思われるかもしれません。また、「死」について考えるとき、「生」と表裏の関係にあるものというイメージを持つ方は多いのではないかと思います。

しかし、生物はそのすべてが必ず死ぬわけではありません。生命進化の系統をさかのぼっていくと、死ぬのか死なないのか判断に迷う生物に行き当たります。生物の「死」が明確に現れるのは、地球の生命進化の過程のなかで言えば、かなり後になってからのことなのです。そして、生命進化の過程を追いながら「死」が現れた理由を考えると、「死」は必ずしも「生」と表裏をなすものではないことも見えてきます。

地球上に生命が誕生したのは、いまからおよそ38億年前のことです。まず最初に、原始の海のなかに存在する物質が化学反応を起こして生命誕生のきっかけとなるＲＮＡやタンパク質が生まれ、ＲＮＡワールドやＲＮＰワールド（自己複製可能なＲＮＡによる

図16　生命進化のプロセス

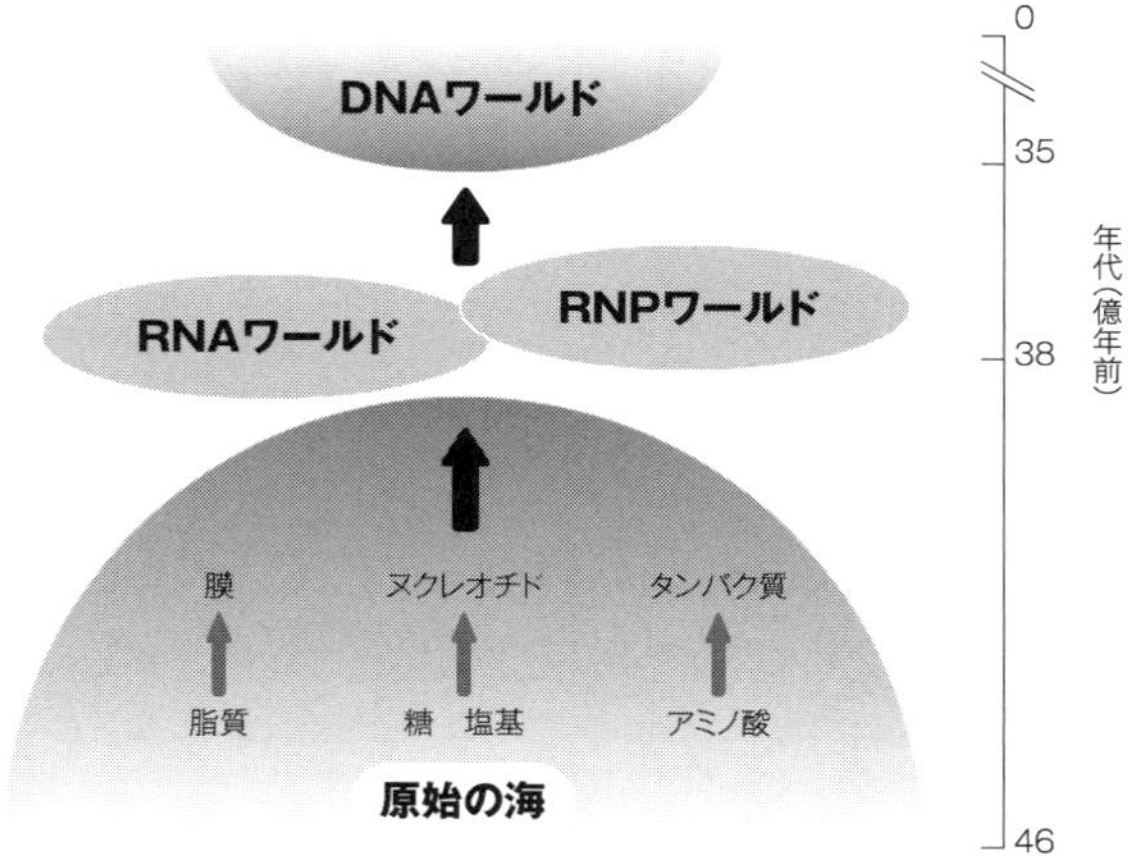

タンパク質の合成）ができあがったと言われています（図16参照）。

DNAを遺伝情報として持つ始原生物が現れたのは、約35億年前のこと。その後DNAワールドが支配的になっていったのは、一本鎖構造のRNAと比べて二重らせん構造のDNAが科学的に安定性があったうえ、遺伝情報を子孫に伝達するのにもDNAのほうが適していたからだと考えられます。

始原生物は、大腸菌のような単純な構造を持つ単細胞生物です。DNAを収納しておく「核」を持っていなかったと推測されており、このような生物は「原核生物」と呼ばれています。

その後、原核生物だけの時代は実に20億年も続きました。原核生物は、遺伝子のセット（ゲノム）を一組だけ持つ「一倍体」の生物です。一倍体の生物は、同じ遺伝子をコピーしながら無限に増殖を繰り返し、〝親〟も〝子〟もなく絶えず殖えていく生き物です。そこには、急激な環境変化などによる「事故死」が起こる以外、自ら死んでいくという「死」は存在していませんでした。

DNAを収納しておく「核」を持つ「真核生物」が誕生したのは、いまからおよそ15億年前と言われています。

最初に出現した真核生物は一倍体でしたが、そのなかから「接合」によって一時的に二倍体になるものが現れてきました。栄養分がなくなったり温度が下がったりして環境条件が悪くなると、接合して遺伝子のセットを二組持つ「二倍体」となり、胞子を形成して休眠状態に入るのです。環境条件がよくなれば、二倍体の胞子からまた新しい個体をつくり出します。二倍体化することによって、ゲノムを長期間にわたって保持できるようになったのです。ゲノムを二セット持つことは、生物が遺伝情報を確実に残せるという点でより安全と言えます。常に二倍体で過ごす「二倍体細胞生物」が現れたのは、

図17　生命はこのように進化してきた

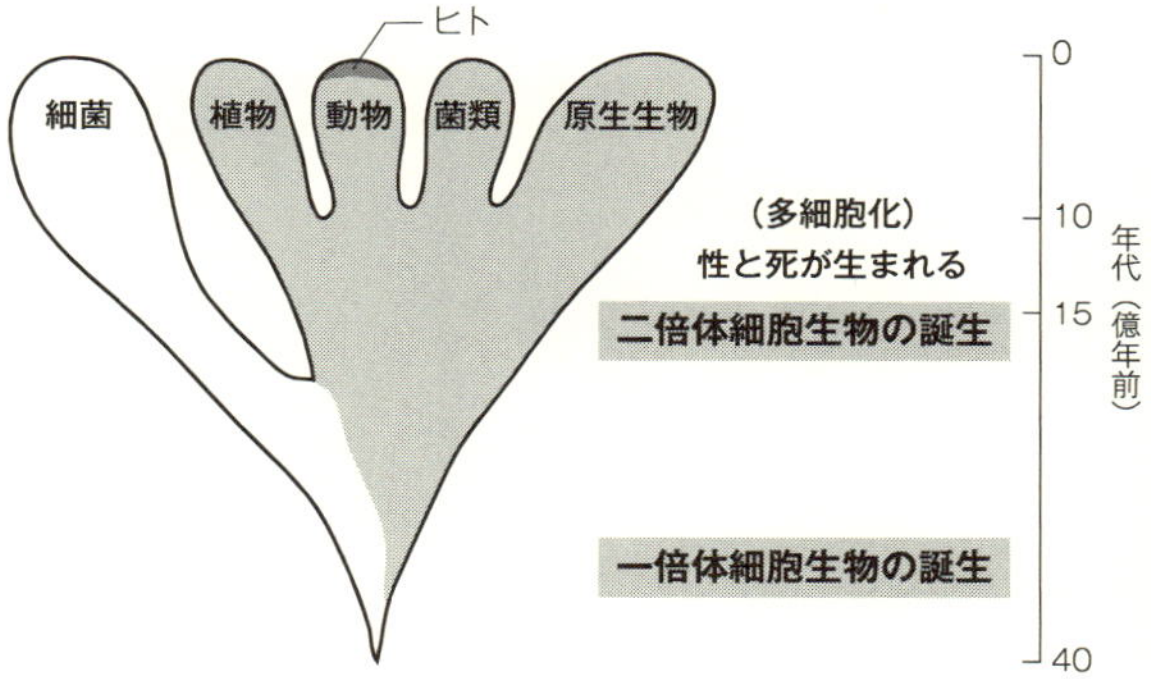

このような利点があったからでしょう。

真核生物も最初は単細胞生物でしたが、約10億年前、細胞が集合体をつくり一つの個体となる多細胞生物が生まれました。このような多細胞真核生物が大型化し、人間のような高等動物にまで進化を遂げてきたのです。

二倍体細胞生物は、父親と母親から一組ずつ遺伝子のセットを受け継ぎ、二組のセットを持つ生き物です。二倍体細胞生物の誕生とは、地球上に初めて「オス」「メス」という「性」が現れたことを意味しているのです。

生命進化の歴史を見ていくと、「死」と

図18　生殖細胞における減数分裂のメカニズム

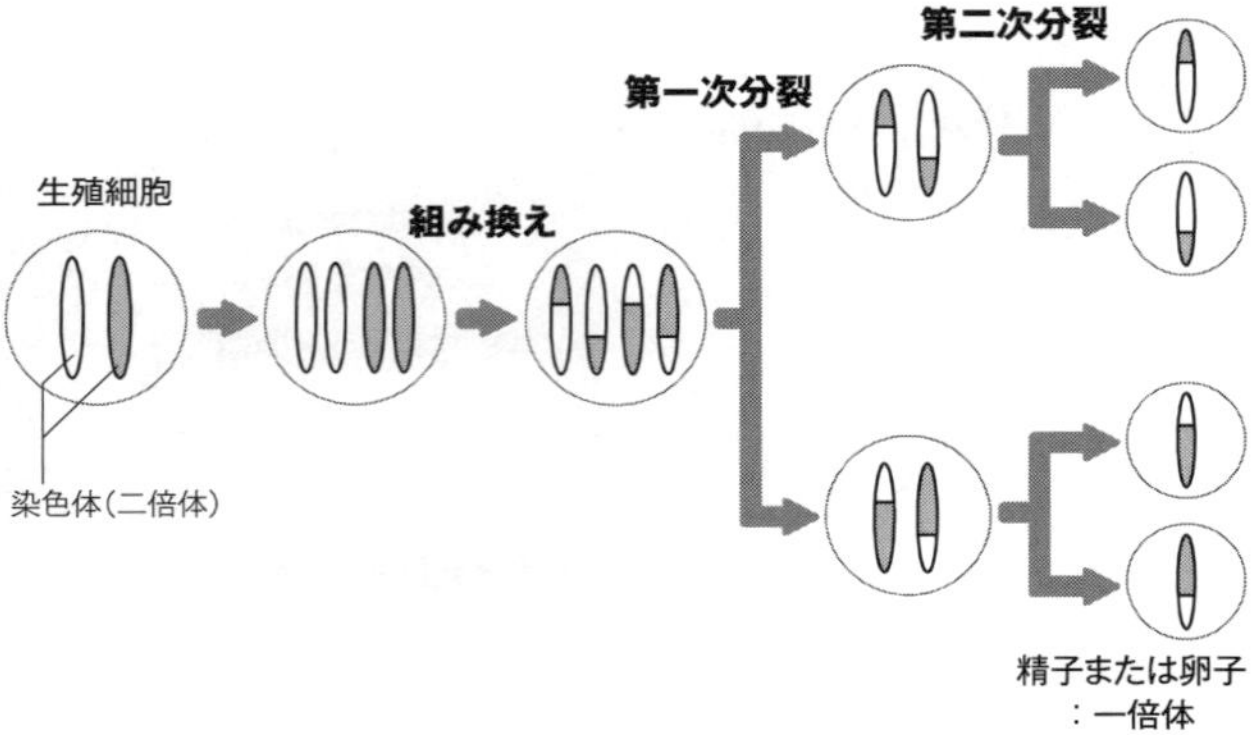

いう現象が現れるのはまさにこのときです。つまり、二倍体生物が誕生して「性」が現れたとき、同時に「死」が生まれた――と言うことができます（図17参照）。

「性」とともに「死」が現れた理由

「性」と「死」は、なぜ同時に生まれることになったのでしょうか？　その理由を探るには、まず二倍体細胞生物が行う有性生殖の仕組みを理解しておく必要があります。

有性生殖を行う際、二倍体細胞生物は、卵子や精子をつくるとき、自らの二組の遺伝子セットを半分にする細胞分裂を行います。これは「減数分裂」と呼ばれるもので、

図19　遺伝子はこのように組み換えられる

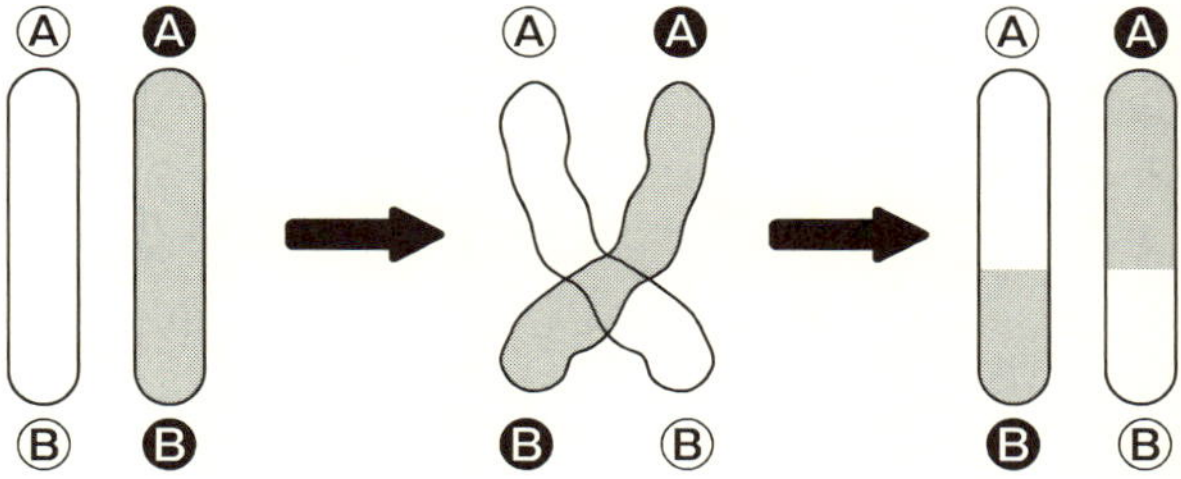

減数分裂を行った細胞は、一組の遺伝子セットを持つ一倍体の細胞（卵子、精子）となるわけです。多細胞生物の場合、減数分裂によって一倍体の細胞になることができるのは、「生殖細胞」という特殊な細胞に限定されています。

典型的な有性生殖を行う多細胞生物のケースで、減数分裂がどのように進行するかを見てみましょう。

図18のように、生殖細胞は、まず自らが持つ二組の染色体を複製し、細胞内に四組の染色体をつくり出します。このとき染色体間で組み換えという現象が起こって、オスとメスの遺伝子がランダムにシャッフル

（混ぜ合わせ）されます（図19参照）。その後、まず「第一次分裂」によって2つの細胞に分かれ、続いて「第二次分裂」で染色体を一組ずつに分けて4つの細胞となります。こうしてできた、遺伝子セットを一組だけ持つ4つの細胞が、それぞれ精子または卵子になるのです。

生殖細胞の減数分裂によってできあがった精子と卵子が合体すると、それぞれが持ち寄った遺伝子セットを合わせることで、二倍体の受精卵がつくり出されます。このようにして、受精卵はまったく新しい遺伝子の組成を持つことになります。

この「まったく新しい遺伝子の組み合わせをつくる」ことが、「性」と「死」の関係を読み解く鍵となるのです。

「性」によって遺伝子のシャッフルを行うことで、有性生殖を行う生物の子孫は、常に新しい遺伝子組成を持つことができるようになりました。これは、生物が環境の変化に適応したり、バクテリアやウイルスといった外敵に対して抵抗力のある子孫をつくっていけることを意味します。

「性」によって、生物はより柔軟に適応力の高い個体をつくり出す力を獲得できたわけです。

しかし、ランダムな遺伝子の組み換えによって新しい遺伝子組成を持った受精卵は、必ずしもすべてが望ましいものであるとは限りません。もしそれが種の保存という観点から〝不良品〟であるとわかった場合は、個体となる前に排除する必要が生じます。〝不良品〟をスムーズに排除する仕組み――それを獲得するために遺伝子にプログラムされたのが、「アポトーシスを起こす力」と考えられるのです。

実際、受精卵は2倍、4倍、8倍と分裂して8細胞期になったあたりで、その後さらに分裂・増殖を繰り返して発生を続けていけるかどうか、つまり「生きるべきか死ぬべきか」を自分で判断しているようです。〝不良品〟である場合、アポトーシスのスイッチを入れることで、その有害な遺伝子組成を消去しているのです。

さらに、アポトーシスは、生物がさまざまな種へと進化していく原動力の裏付けとなったのではないかと考えられます。

遺伝子のランダムな組み換えが行われるといっても、生まれてくる子孫は通常、同じ種の範囲に収まります。また、オスとメスが交配するという仕組みだけでは、生物がこれだけ多様な種となるほどの進化は遂げられなかったはずです。

では、どのようにして別の種が誕生するのかと言えば、それは遺伝子に突然変異が起こることによります。生物が有利な突然変異を進化の原動力として取り込むのであれば、大前提として「その突然変異が優れたものかどうか」を選別する能力が備わっていなければならないでしょう。この「選別する能力」とは、言い換えれば「望ましくない突然変異を起こした受精卵が自ら死んでいく力」です。

生命が進化する過程で獲得した「死の遺伝子」は、種を存続させると同時に、突然変異による多様な種の起源を担保する役割も負ってきたのでしょう。

「個体の死」はなぜ必要か

まったく新しい遺伝子の組成によって生物が好ましい子孫を残し、進化を遂げるという仕組み――ここから、「なぜ個体が死ぬ必要があるのか」という疑問に対する答えも見えてきます。

有性生殖で子孫を残していくシステムにおいて重要なのは、遺伝子が常にシャッフルされているという点です。

生物は生きている間、さまざまな化学物質や活性酸素、紫外線、放射線などの作用によって、日常的に遺伝子にキズを負っています。こうしたキズは日々修復されるものの、完璧に直せるわけではなく、古い遺伝子には多くのキズが変異として蓄積します。そしてこのような変異は、子孫を残すための生殖細胞にも蓄積しているのです。

老化した個体が生き続けて若い個体と交配し、古い遺伝子と新しい遺伝子が組み合わされれば、世代を重ねるごとに遺伝子の変異が引き継がれて、さらに蓄積していくことになるでしょう。もしこのようなことが繰り返されると、種が絶滅して、遺伝子自身が存続できなくなる可能性もあります。

この危険性を最も確実かつ安全に回避する手段は、古くなってキズがたくさんついた遺伝子を個体ごと消去することです。

先に見たように、人間の場合、再生系の細胞は50〜60回分裂すればアポトーシスによって死を迎えます。つまり、「回数」というプログラムがあらかじめ細胞にセットされているのです。一方、非再生系の細胞にはおよそ100年という寿命があり、寿命を迎えるとアポビオーシスによって死滅します。非再生系細胞には、「時間」というプログラムが細胞にセットされているわけです。そして、どちらかのプログラムが尽きれば個体は死を迎えます。

アポトーシスとアポビオーシスという「死」が二重に組み込まれていることで、確実に個体が死に、古い遺伝子をまるごと消去できる——この二重の死の機構が、次世代、その次の世代へと続く生命の連続性を担保しているのでしょう。

個体の死は、「有利な突然変異を活かす」という観点からも、その必要性が見て取れます。

有利な突然変異によって新しい個体が生まれた場合、それを子孫に引き継いでいくには、もとの個体を消去したほうがよいと考えられます。古い個体が生き残っていると、せっかくの好ましい変異が元の遺伝子と合体し、薄まってしまうことになりかねないからです。種の進化を推し進めるには、やはり「死」によって、古い個体を確実に消去していくのが優れた戦略だったのではないでしょうか。

本章の冒頭で、私は「生と死は必ずしも表裏をなすものではない」と述べました。ここまでお読みくださったみなさんには、「死は生に内包されたものである」ということ、そして遺伝子的には「生／死」と表裏の関係にあるのが「性」であるということがおわかりいただけたのではないかと思います。「性」による「生」の連続性を担保するためには「死」が必要であり、生物は「性」とともに「死」という自己消去機能を獲得したからこそ、遺伝子を更新し、繁栄できるようになったのです。

生命の「連続」を保証するために、個体にとって「不連続」となる「死」が細胞に組み込まれたことは、一見、矛盾しているようにも見えるかもしれません。しかし地球の環境が変わりゆくなか、生物の個体を通してしか存続できない遺伝子にとって、生物を環境に適応させていくには「性＝遺伝子の組み換え」と「死＝遺伝子の消去」を伴う仕組み以上によい方法はないのかもしれません。

実際、地球上に生存している多細胞生物すべてが細胞死のシステムを持っていることを考えると、「死によって生を更新する」ことが、時空を超えて生命を遺し伝えるために、最も効率的かつ効果的な手段なのではないかと思われます。

「性」と「死」の関係

動物の最大寿命は、子どもを産めるようになる「性成熟年齢」と比例関係にあることがわかっています（図20参照）。

「ハツカ（二十日）ネズミ」と呼ばれるマウスは生後4週間足らずで生殖可能になり、その妊娠期間は19日間。最大寿命は3歳ほどです。一方、人間は生殖年齢に達するのに平均で13・5年かかります。妊娠期間はおよそ10カ月で、最大寿命は120歳。最大寿命が長い動物ほど性成熟年齢に達するまでに時間がかかり、逆に性成熟が早い動物は短

図20　動物の最大寿命と性成熟年齢は比例している

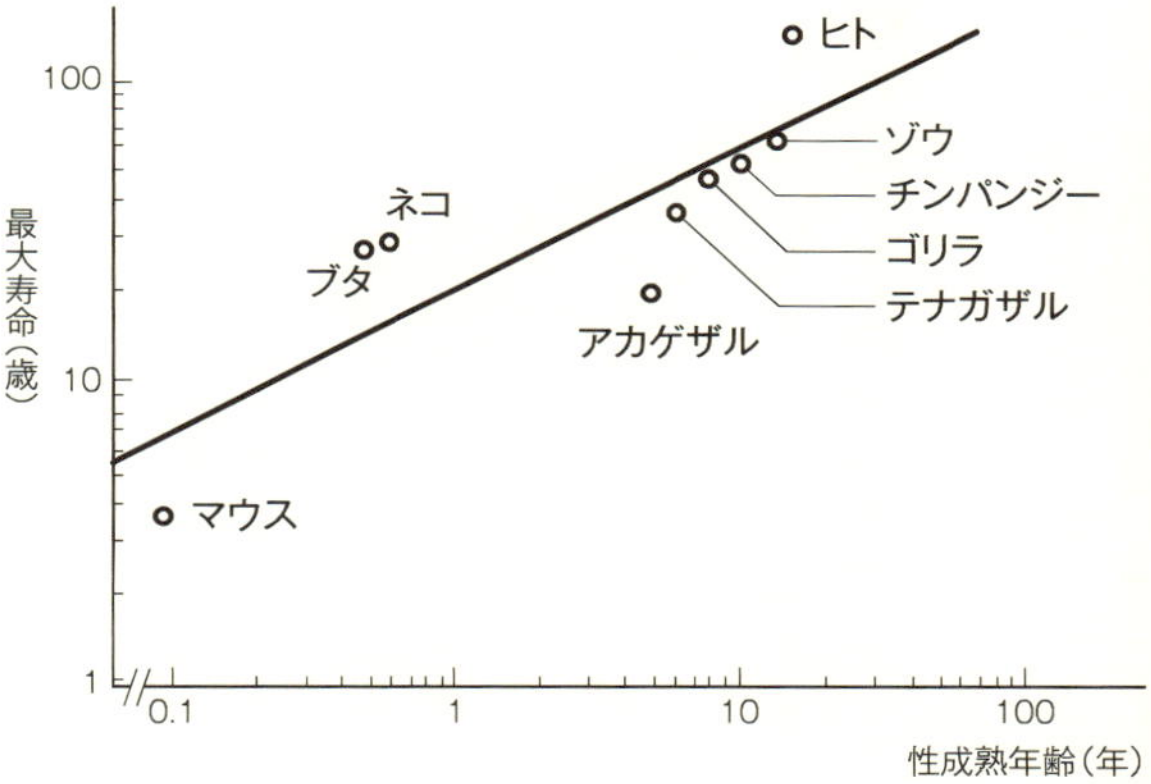

命なのです。

淡水に住むヒドラという無脊椎動物は、非常に興味深い現象を見せてくれます。ヒドラは通常、身体が成長して大きくなるとその一部が分離して新しい個体を殖やすのですが、ある条件下ではオスとメスに分化し、有性生殖を行うのです。そして不思議なことに、性を獲得して有性生殖が可能となったときに寿命が決まり、「死」が現れます。

ニジマスなどの魚類では、生殖機能を放射線で破壊したり、ホルモンで性成熟を遅らせたりすると、寿命が長くなります。また、ショウジョウバエを性成熟しにくいエサで育てると、やはり寿命が長くなることがわかっています。

先に見たように、気の遠くなるような生命が歩んできた38億年という歴史のなかでさまざまな生物が生まれましたが、20億年あまりの間は大腸菌などのようなバクテリアの時代が続いていました。そこは「生と在」だけの世界だったのです。

しかし、いまからおよそ数億年前に現れた高等動物では、個体は必ず死滅する宿命にあります。種によって寿命が決まっているのは、進化の過程で遺伝的に寿命が決められたことを意味していると言えるでしょう。そして、その寿命は有性生殖と密接に関連しているのです。

これらの事実からは、「性」と寿命による「死」との間に深いつながりがあることを見て取ることができます。

ちなみに、動物ごとに平均寿命に占める「成長期」「生殖期」「後生殖期」の割合を見てみると（図21参照）、興味深い事実がわかります。

図21　動物種によって後生殖期の長さは違ってくる

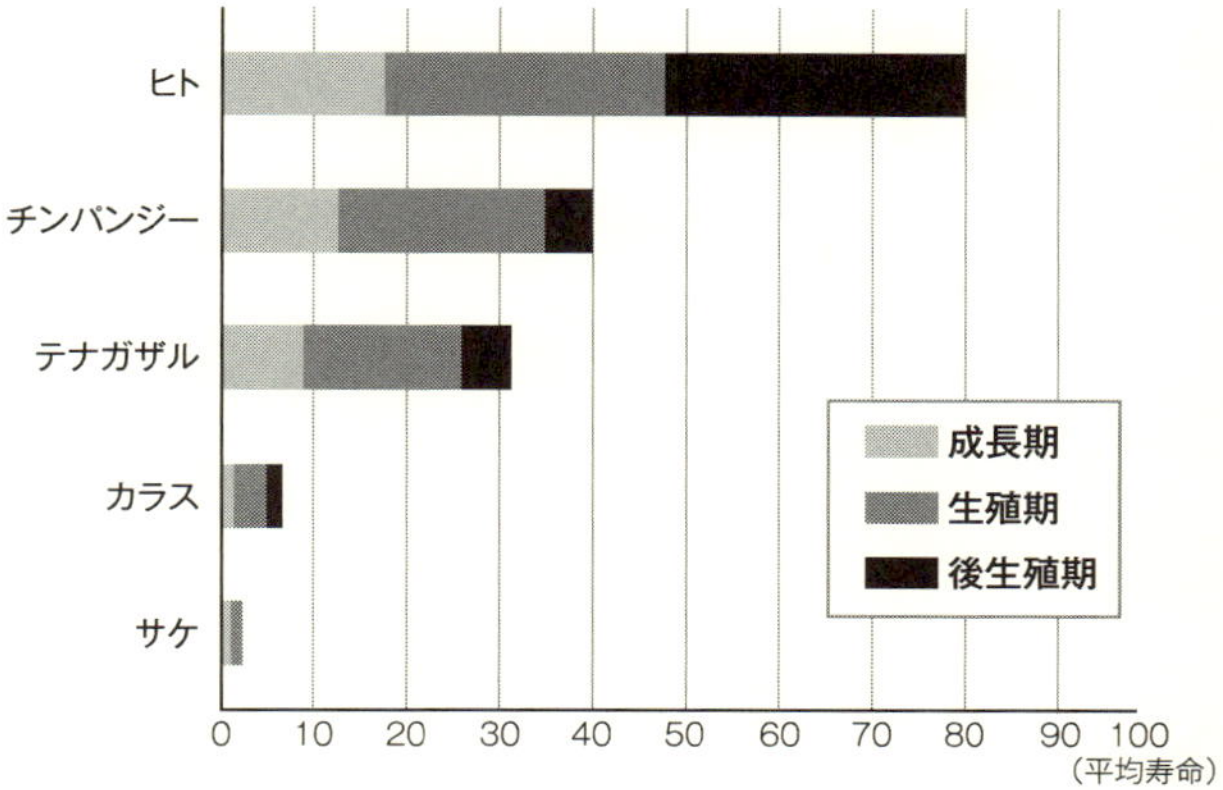

生物の多くは、子どもを産める「生殖期」を過ぎると、その後はあまり長生きできません。極端な例を挙げれば、昆虫やサケなどの魚類の一部は、生殖を終えるとほぼ同時に、寿命を迎えて死んでしまうことが知られています。

一方、人間はほかの動物と比べると、生殖期を過ぎた後の「後生殖期」の割合が非常に高いという特徴があるのです。

チンパンジーの遺伝子は人間とわずか1〜2％しか違いませんが、平均寿命は約40歳。成長期は人間のほうが若干長いものの、生殖期は人間もチンパンジーもおよそ30年間で、あまり差はありません。ところがチンパンジーの後生殖期はわずか5年ほどで、人間の約6分の1でしかないのです。同様に、テナガザルは約30歳の寿命のうち、チンパンジーと同じ割合の成長期と生殖期を持ち、後生殖期は平均寿命のおよそ1割程度しかありません。

医療の進歩などを加味して考えても、人間が生殖期を終えた後も約30年近く生きながらえることができるのは、例外的と言っていいでしょう。

利他的な遺伝子による自己性

かつてイギリスの動物行動学者リチャード・ドーキンスは、その著作のなかで遺伝子について「利己的な存在」であると説き、「生物は遺伝子の乗り物にすぎない」と表現しました。

ドーキンスが専門とする動物行動学の見地からすれば、確かに遺伝子は利己的であるように見えるかもしれません。遺伝子のふるまいについて、「自分と同じものをより多く未来に残そうとする」という点に注目すれば、的確な表現であると言えるでしょう。

しかし、アポトーシスやアポビオーシスという「プログラムされた死」の存在と、そのプロセスや役割が明らかになっているいま、私は「利己的な遺伝子」とはまた違った遺伝子の姿が眼前に示されているように思います。

これまでに見てきたように、生物の個体は、再生系細胞の遺伝子にアポトーシスという死のプログラムを持ち、非再生系細胞の遺伝子にはアポビオーシスという死のプログラムを用意して、「二重の死」によって自らを確実に消去します。

重要なポイントは、アポトーシスとアポビオーシスでは、どちらにおいても生命のもとであるＤＮＡが規則的に切断されるということです。私は、細胞死の本質は「遺伝子による自らの消去機能」にあると考えています。

この「自らを消し去る」というふるまいは、遺伝子が「利他的な存在」であることを強く示しているといえるのではないでしょうか。

遺伝子は、自身の繁栄を目指すという意味においては利己的な存在なのでしょう。実際、無性生殖のみを行う細菌は、まったく利己的にしか見えません。

しかし、有性生殖のシステムを持つようになった生物は、利己的なだけでは生きていけないのです。

生殖細胞が減数分裂して卵子と精子をつくり、一つの受精卵を産み、新たな個体をつくり上げていく——この壮大なドラマは、利己的な遺伝子に支配された細胞だけでは、ストーリーを進めていくことができません。「自ら死ぬ」という利他的なふるまいがなければ、種の存続に適した個体をふるいわけることも、精巧な身体の形をつくることも、複雑な生命活動を維持していくことも不可能だからです。

もし遺伝子が「自分を殖やすこと」だけを考えていれば、結局、生物はいまのような繁栄も進化もできなかったことでしょう。遺伝子が利他的な存在であるということをもう少し丁寧に表現すれば、「遺伝子が真に利己的（自己的＝selfish）であるためには、利他的（altruistic）に自ら死ねる自死的（suicidal）な存在でなければならない」ということになるのではないかと思います。

また、「死の遺伝子」によって生来、利他であるということが、必然的に自己性を生む重要な要因になっているのだと思います。

「クローン人間」や「不老不死」を実現させたら?

「科学的に『死』を解明する」という話をすると、「不老不死は可能なのか」という質問をいただくことがあります。また、1997年には羊のクローン「ドリー」がつくられたというニュースが世を席巻し、「人間のクローンがつくられるのではないか」といった話題が各所で取り上げられたことを、みなさんもご記憶ではないかと思います。

人間は自らがいつか必ず死ぬということを認識できる、おそらく唯一の動物と言えるでしょう。しかし、秦の始皇帝が不老不死を願ってやまなかったように、人間は時に「老いや死から逃れられるものであれば、逃れたい」と考えるもののようです。「人間のクローンをつくる」ことが取りざたされる背景にも、やはり同様の願いがあるのでしょう。

では、「クローン人間」や「不老不死」は実現可能なのでしょうか。そして、もし実現できたとしたら、人間はどうなってしまうのでしょうか。

すべての組織に分化する機能を保ち、ほぼ無限に増殖させることができる「ES細胞（胚性幹細胞）」の話を耳にしたことがある方は多いでしょう。

ES細胞は、受精卵を用いてつくられます。さまざまな処置を施して子宮に戻せば、必要な組織をすべて備えた個体へと成長させることもできることから、「万能細胞」と呼んでよいものと言えます。ES細胞を使えば、さまざまな動物のクローンをつくり出せるのはもちろん、人間のクローンをつくることも技術的には可能です。

このような「自分とまったく同じ遺伝子を持った〝コピー〟がつくれる」という話は、それによって「死」から逃れられるかのように錯覚されることもあるようです。しかし、もし仮にあなたのクローンをつくったとしたら、どんなことが起こるでしょうか。

あなたとクローンが生きる時代や環境はおのずと異なります。「人間は環境の動物」と言われますが、遺伝子がまったく同じであっても、その発現パターンや神経回路の使い方は環境によって違ってくるのです。つまりクローンは、あなたとは別の意志を持つ別の自己としての存在にしかなり得ず、〝生まれる時代を異にした一卵性双生児〟以上でも以下でもありません。たとえクローンをつくっても、あなた自身が「死」から逃れられるわけではないのです。それどころか、あなたとクローンとの間に対立が生まれ、無用な争いが起こる可能性すらあります。

また、クローン人間をつくることは、種としての人間の存続に、大きな問題をもたらします。

私たちの個体は、精子と卵子を組み合わせるという有性生殖のシステムによっている限り、歴史の前にも後にも決して同じものがつくられることはありません。しかし、有性生殖の「絶えずバラエティに富んだ個体をつくれる」という優れたシステムを飛び越え、クローン技術によって同じ遺伝子を持つ個体をつくれば、いずれ非常に近しい遺伝子を持つ個体をたくさん生み出すことになってしまうでしょう。遺伝子から多様性が失われれば、人類は環境の変化などに対応できない集団になってしまいかねないのです。

クローンは、もともとは畜産における繁殖の問題を解決しようという目的で研究が始まったものです。普通の繁殖では一代ごとに遺伝子が組み換えられるため、優れた形質を次の代にうまく遺せないという課題があり、クローンはその解決策になると考えられたわけです。クローンの研究そのものは、産業の要請に応えるという意味で、優れた研究であると言えるでしょう。

このような目的を忘れ、クローンを人間の品種改良や不老不死に結びつけて議論するのは、まったく意味がないことだと思います。人間のクローンが、生命の尊厳のような人間が生きていくための価値体系を破壊してしまいかねないのは言うまでもないことです。クローンをつくる必要性は、いまもこれからも見出すことはできません。

では、「不老不死」はどうでしょう。

人間は、必ず死ぬことができるよう、細胞にアポトーシスとアポビオーシスという「死」を二重にプログラムされています。逆に言えば、死の遺伝子を操作することによってアポトーシスとアポビオーシスをコントロールできれば、「不老不死」が実現できる可能性もないわけではありません。

しかし、もともと人間に与えられた寿命は約100歳、最長でも120歳程度。100歳の寿命を持つ脳が考えられるのは100年の自分の人生であり、もし寿命を200年、500年と延ばすのであれば、それにふさわしい脳が必要になるはずです。生き続けている間に環境は変わり、自分自身もまた変化していくことを考えれば、人間が持っている脳の力量で200年、500年という時間を生き抜き、自己性（アイデンティティ）を保ち続けることは不可能であるように思います。

種の存続という観点からも、不老不死には問題があります。仮にすべての人間が数倍の寿命を手に入れれば、地球上の食糧はあっという間に尽きてしまうでしょう。また、長く生き続けるうちに遺伝子にはキズがつき、そのキズが蓄積した古い遺伝子が消去されることなく存続することになります。これは、種の繁栄・進化を妨げる重大な問題となるはずです。

人間は自分がいつか必ず死ぬことを理解できる生き物であり、それを厭《いと》う本能的な気持ちを持っています。

近代から現代にかけて、医療技術など「天寿をまっとうしたい」という願いをかなえる術《すべ》は進歩していますが、その一方で死に備える心構え（死生観）は、かえって失われてしまったようにも感じます。「死」という宿命を特別に意識できる存在だったはずの私たちは、いま、歴史のなかで最も死を遠くに感じる時代に生きていると言ってもいいかもしれません。

私は、現代において真に求められるのは、不老不死を実現する技術などではなく、科学から死の意味を問い直して「有限の時間を生きる意味」を知ることではないかと思っています。そして、「死の科学」をよりどころとした自分なりの新たな死生観を持つことが大事だと思います。

「死の科学」から見えてくる「死と生の意味」

「ヒトはどうして死ぬのか」——この問いは、多分に哲学的な問題を含んでいると言えます。

「死の科学」とは言い換えれば、生物やその細胞が「どのようにして（How）」死んでいくかをとらえることであり、科学において「なぜ（Why）」は問わなくてよいことになっています。たとえば、いまこの本が目に見え、外からは虫の声が聞こえるとしましょう。このとき科学が問題にするのは「どのようにして物が見えるか」「どのようにして音が聞こえるか」です。「なぜこの本を読むのか」「なぜ虫の声に耳を傾ける必要があるのか」といった「なぜ」という問いに答えることは、多くの場合、科学で解明されるべきだとはとらえられていません。

しかし、あるとき「人間はなぜ死ぬのですか？」という問いを投げかけられた私は、熟考の末、科学的な死のありようから敷衍《ふえん》して、生死の意味になにがしかの答えを示せるのではないかと思うようになりました。

それは、ここまでに見てきたような科学的な「死」の正しい理解によって、ようやく生命の本質と呼べるものが鮮明になってきたからです。「死」を科学から理解することは、哲学的にも、より本質的な死生観を持つ手助けとなるでしょう。

私たち人間は、細胞と個体という二重の生命構造から成っています。細胞を「個」とすれば、人間の個体が「全」です。そして、「個」としての細胞が自分自身の役割を果たし、自ら死んでいくことによって、「全」としての人間は生きていくことができるのです。

人間を「個」ととらえれば、「全」は地球ということになるでしょう。そして人間はこの地球のなかでさまざまな役割を果たし、時が来れば「二重の死のプログラム」によって、その個体を消滅させていきます。さらに地球という惑星を「個」とすれば、宇宙を「全」ととらえることができます。地球を含む太陽系の惑星は、あと50億年もすると太陽が膨張してのみ込まれてしまうと言われていますし、「全」であるところの宇宙も、いずれは消滅していく運命にあるのではないかと思います。惑星と宇宙の「個」と「全」という関係においても、やはり死と生の営みが繰り返されていると考えることができるのです（図22参照）。

図22 細胞、人間、地球、宇宙の関係

このように、「死」や「消滅」によって「個」や「全」の時間が有限になると同時に、時間に限りのない「永遠」に還《かえ》ることが可能になっているのだと思います。

「死」というものは遺伝子、細胞、生物（人間）、地球、宇宙という階層構造を成して、存在しています。ここにはすべての物が流転するというような、ダイナミックな大循環があります。これが「自然の摂理」と言われるものです。

「死」は生命の根底にあるものであり、また生命は「死」のなかに営まれているということができるでしょう。

このように「死」が「生」に内包されている意味を、人間はどのようにとらえればよいのでしょうか。

「死の科学」からわかるのは、人間が、進化のプロセスで死を持つことをあえて選んだ祖先から、本質的に死を与えられているということです。そして「死」を与えられたことによって、人間は「生きるとは何か」という問いを立てられる存在たり得ていると言えます。

もし人間に「死」がなかったり、生まれ持った寿命を無理に延ばして何百年も生き続けたりすれば、その生は空虚なものとなってしまうことでしょう。

また、私たちは「死」があることによって、唯一無二の遺伝子を持つ存在として生まれています。「自分とは何か」というアイデンティティを問えるのは、私たち一人ひとりがかけがえのない、ほかの誰でもないただ一人の存在だからです。

「生きるとは何か」「自分とは何か」という2つの問題は、「死がある意味」を原点とすることで、より本質的な答えにたどり着けるのだと言えます。つまり、「死」はそれ自体には「無（永遠＝大循環）に還る」という以外の意味を持ちませんが、生の前提としてとらえたとき「死によって有限をいかに生きるかを問える」という大事な意味を持つ――と言ってもいいでしょう。

私たちは死の遺伝子がプログラムされていることによって、「必ず死ねる」のです。そして自死性を有する死すべき存在だからこそ、与えられた有限の人生をしっかりと生き抜こうと思うことができます。

遺伝子が本質的に利他的であることを思うと、その反映としての私たちの個体も、究極的には「他」のために生まれてきているのでしょう。私は、死の遺伝子が「利他に生きること」を本来の姿として求めているように感じます。そしてそれが自利となってくるのだと思います。

「生きるとは何か」「自分とは何か」という問題、言い換えれば「人間が生きていく意味」は、「個として全体のためにどのようにあるべきか」「自分以外の他者のため、次の世代のために何を遺すか」にある――これが、「死の科学」を敷衍して導かれる答えなのだと思います。

あとがき

「人間が生きていく意味は、社会のため、他者のために存在し、次世代に何かを遺していくことにある」――「死の科学」からもたらされるこのような考え方は、本来的に人間に備わっているもののように思います。人間は社会的な動物であり、一人ひとりが社会のなかで役割を果たしながら生きて死んでいくことは、ごく自然なことなのでしょう。

それは私たちの身体のなかの細胞一つひとつに、細胞社会（個体）のなかで自らの役割を十分に果たして死ぬことが、遺伝子としてプログラムされているという、生命の本質からきているように思えます。

人間というミクロコスモスのなかに、細胞の死によって回る小循環があるように、宇宙というマクロコスモスのなかでは、すべての生物が回帰せざるを得ない生命サイクル、つまりダイナミックな大循環があるのです。この自然の大循環を回している駆動力が、「死」ではないかという気がします。

私たちは他の生物と共に、有限の時間と空間を切り取って消長しているのです。つまり、それが「自然の摂理」であることは前述したとおりです。このことを「死の科学」は、はっきりと明示してくれているように思います。

「死」は自然の大循環のなかでは、切り取ることのできない、根底に存在するものであり、自然とのつながりのなかで「死」を感じ取ることができれば、死の恐怖は薄れ、平静な安らぎを得られるのではないでしょうか。

「死」は生物学的には、土に還るとしか言えませんが、一方では大循環、つまり永遠につながるものであるように思えます。そして、すべてを平等にしてくれる存在だと言えるのではないかと思います。

本書では、アポトーシスやアポビオーシスという細胞死のプログラムのこと、「死」の謎を追い続けている科学者たちが現在までに何を解明しているか、その研究にもとづいたまったく新しい発想による医薬品の開発などについて見てきました。

私は「死」の謎を追う先に一条の光が見えることには確信を持っていますが、その光が世の中を照らすまでには、多くの科学者たちが幾多の困難を乗り越えていかねばならないでしょう。そして、このたとえに沿って言えば、私自身が次世代に遺したいと思っているものもまた、「いつか世の中を照らす光」と表現できるかもしれません。

第5章でご説明したように、ゲノム創薬は、現時点では主に「既知の化合物群から治療薬の候補となるものをふるいわける」という手法が取られています。しかし理論的には、ゲノム創薬では病気の原因となるタンパク質の構造解析をもとにその重要な部位（鍵穴）に結合する新規の化合物（鍵）を、コンピュータ・シミュレーション技術を活用して直接設計することも可能なのです。

もしこのような究極的なゲノム創薬が実現できれば、すべての疾患に対してオールマイティーに最適な薬を開発することができるようになります。

一万人に一人しか罹患しないような希少疾患の治療薬は、現在の状況では、製薬メーカーが開発にふみきることができずにいます。高額な開発費を投じたとしても、患者さんが少ない以上、それを回収するだけの収益は見込めないからです。

しかし今後、もしあらゆる疾患に対して最適な医薬品を理論的に直接設計できるようになれば、薬がないまま苦しむ希少疾患の患者さんを助けることもできるでしょう。

私が研究を続けながら日々思い描いているのは、そんな光に照らされた未来です。なんとかしてコンピュータ・シミュレーション技術を用いたオールマイティーな、そして新しいゲノム創薬手法による薬の開発に道筋をつくりたいと願っています。そして、真のオーダーメイド医療実現の夢も追い続けていきたいと思っています。


もう一つ、私が次世代に遺したいと願っているのは、医療の現状から目的を見据えて研究を行う研究者であろうという「精神」です。

科学者が研究を行うのは、研究そのもののためではないはずです。薬学部で学生たちを指導する身として、「実社会の医療現場を見つめ、そこで役立つという目的を持ってこそ研究は意味を持つ」ということを伝えていきたいと思っています。私が学生たちに遺したいのは、知識やテクニックだけでなく、「心と命を大切にする社会のために、役に立つ」と思える気持ちなのです。

次世代を担う科学者に、知性と理性に裏打ちされた、寛容で豊かな精神が育まれていくことを心から願っています。

＊＊＊

春のはじめに、四万十川を訪ねたときのことです。

芽吹き始めた木々の林を抜けて川辺にたどり着くと、水面は春色を映して柔らかな陽射しにキラキラと輝いていました。川は姿を変えながらゆっくりと遠くへ流れ、風は凪《な》ぎ、辺りを歩いているだけで静まり返った時間に心が解きほぐされていく思いがしました。

川の表面に映り込む雲が、水面をわたって砂のなかへと消えていく。思わず空を見上げると、そこには白い雲が静かに浮かんでおり、有限と思えるなかに、無限の存在があるような感じがしました。

空を流れる雲と、水面をわたりゆく雲は、どちらが本当の姿なのだろう。いずれも自由に一時を過ごし、永遠に失われてしまう。それらを包み込み、自然は自然のままただ黙々と存在している——そんなことを考えていると、ふと『方丈記』の一文を思い出しました。

「ゆく河の流れは絶えずして、しかももとの水にあらず。よどみに浮かぶうたかたは、かつ消えかつ結びて、久しくとどまりたるためしなし」

旅に出て、山川草木の移り行く姿や見知らぬ人々との出会いに心が揺さぶられるのは、どこかで限りある命を思うからでしょう。絶えることなく流れゆく河にたとえれば、生物はまさに、流れに浮かぶうたかたのようなものです。そして、その底流には常に死が存在しています。再生系の細胞はアポトーシスによって個体の循環に戻り、個体は「二重の細胞死」によって自然に還り、わずか１００年後には、いま自分の周りにいる人たちもほとんどが消え去ってしまうのです。

このはかなさを超えるには、目に映る自然の美しさと、目には見えないその奥にある自然の大循環——二度と同じものを繰り返さない永遠性のなかから、新しい生命がつくられていくことのすばらしさを感じ取るしかないのかもしれません。

死は「いま生きていること、存在していること」がどんなにすばらしいかを教えてくれる無二の存在でもあります。未来に必ず訪れる自分の死をイメージし、現在の自分を見つめ直すこと――Back to the present――によって、人間はよりよく生きることができるのではないでしょうか。

「よりよく生きる」と言っても、ことさらに難しく考える必要はないと思います。今日一日を精一杯生きて、今日よりも明日のほうがよくなるという思いで、仕事をするのが一番でしょう。夢を大きく持って、豊かな心で生きていくことが大事なのだと思います。生きることのすばらしさは、シンプルに言えば、周囲の人たちを愛し、大切な人に惜しみなく愛情を注ぐことから生まれてくると思うのです。目には見えず、形がないものであっても、誰かの心にほんのりと小さな灯がともるような気持ちを残すことができれば、それが受け継がれて「善《よ》い精神」へと変わっていくに違いありません。

人間が生きている間に遺せるものは、究極的には「善い精神」しかないのだと思いますし、そんな精神を次世代に贈ることができれば、自分の人生に意味というものを感じられる気がしています。

最後になりますが、編集にご尽力をいただいた四本恭子さん、千葉はるかさんに心から感謝申し上げます。

どうかこの本に込めた小さな灯が読者のみなさんに届き、すばらしい未来が拓かれますように。

２０１０年６月

甲府にて　田沼靖一

参考文献

『ヒトはどうして老いるのか――老化・寿命の科学』田沼靖一・二〇〇二・ちくま新書
『爆笑問題のニッポンの教養　ヒトはなぜ死ぬのか?』
太田光・田中裕二・田沼靖一・二〇〇七・講談社
『アポトーシスとは何か――死からはじまる生の科学』田沼靖一・一九九六・講談社現代新書
『遺伝子の夢――死の意味を問う生物学』田沼靖一・一九九七・NHKブックス
『死の起源　遺伝子からの問いかけ』田沼靖一・二〇〇一・朝日選書

著者略歴

田沼靖一《たぬませいいち》

1952年山梨県生まれ。東京大学大学院薬学系研究科博士課程修了。米国国立衛生研究所（NIH）研究員等を経て、現在、東京理科大学薬学部教授。専門は生化学・分子生物学。同大ゲノム創薬研究センター長。細胞の生と死を決定する分子メカニズムをアポトーシスの視点から研究している。

著書に『ヒトはどうして老いるのか――老化・寿命の科学』（ちくま新書）、『アポトーシスとは何か――死からはじまる生の科学』（講談社現代新書）、『爆笑問題のニッポンの教養　ヒトはなぜ死ぬのか？』（講談社）、『遺伝子の夢――死の意味を問う生物学』（NHKブックス）、『死の起源　遺伝子からの問いかけ』（朝日選書）などがある。

幻冬舎新書 180

ヒトはどうして死ぬのか

死の遺伝子の謎

二〇一〇年七月 三十 日 第一刷発行
二〇二三年一月二十五日 第五刷発行

著者 田沼靖一
発行人 見城 徹
編集人 志儀保博
発行所 株式会社 幻冬舎
〒一五一-〇〇五一 東京都渋谷区千駄ヶ谷四-九-七
電話 〇三-五四一一-六二一一(編集)
〇三-五四一一-六二二二(営業)
振替 〇〇一二〇-八-七六七六四三
ブックデザイン 鈴木成一デザイン室
印刷・製本所 株式会社 光邦

Printed in Japan ISBN978-4-344-98181-2 C0295
た-6-1
幻冬舎ホームページアドレス https://www.gentosha.co.jp/
*この本に関するご意見・ご感想をメールでお寄せいただく場合は、comment@gentosha.co.jp まで。